装配式内装修技术与应用

宫海　主编
辛建林　苗珍录　陈晨　副主编

中国建筑工业出版社

图书在版编目（CIP）数据

装配式内装修技术与应用/宫海主编；辛建林，苗珍录，陈晨副主编. — 北京：中国建筑工业出版社，2024.7.（2025.3重印）— ISBN 978-7-112-30109-6

Ⅰ. TU767.7

中国国家版本馆 CIP 数据核字第 2024V3L760 号

责任编辑：曹丹丹　张伯熙
责任校对：赵　力

装配式内装修技术与应用

宫海　主编

辛建林　苗珍录　陈晨　副主编

*

中国建筑工业出版社出版、发行（北京海淀三里河路9号）

各地新华书店、建筑书店经销

北京鸿文瀚海文化传媒有限公司制版

建工社（河北）印刷有限公司印刷

*

开本：787毫米×1092毫米　1/16　印张：7¾　字数：122千字

2024年7月第一版　2025年3月第二次印刷

定价：**39.00**元

ISBN 978-7-112-30109-6

（43510）

本书编写委员会

主　编：宫　海
副主编：辛建林　　苗珍录　　陈　晨
委　员：卞子文　　黄书成　　管作为　　许海东　　邱东芹　　易鼎鼎
　　　　刘　欢　　谢金良　　车丽萍　　苗国华　　王　璐　　帅育斌
　　　　张　蔷　　姚永辉　　赫长旭　　郭建好　　柳伟成　　孙东梅
　　　　侍崇诗　　黄吴量　　张振华　　苗千诚　　郭长卫　　马　强
　　　　汪　健　　江　雯　　成春龙　　潘小静

主编单位

南通装配式建筑与智能结构研究院
邦得科技控股集团有限公司
中国装饰股份有限公司

参编单位

江苏智聚智慧建筑科技有限公司
智聚新材料科技（河北雄安）有限公司
雄安国创中心装配式建筑一体化联合实验室
德杰盟规划设计集团有限公司
苏州邦得新材料科技有限公司
苏州巴洛特新材料科技有限公司
上海青鹰实业股份有限公司
上海奥钢建筑科技有限公司
常州市汇亚装饰材料有限公司
爱科美材料科技（南通）有限公司

前　言

　　装配式内装修体系是在建筑内部空间的装修过程中运用干法施工与装配方式结合，替代传统施工工艺中存在的大量现场湿作业，降低施工现场人工作业量，规范施工管理体制，并排除参差不齐的手工作业带来的质量隐患，缩短施工建造工期，减少材料浪费，提升建筑内装修整体寿命，实现整套建筑体系的绿色、低碳、节能、环保目标。装配式内装修体系是建筑产业现代化的重要构成部分之一，并且是实现建筑生产工业化、建筑过程精细化、全产业链集成化、产品绿色化、建筑工人产业化的关键实施路径。《国务院办公厅关于大力发展装配式建筑的指导意见》（国办发〔2016〕71 号）明确要求：推进建筑全装修，积极推广标准化、集成化、模块化的装修模式，倡导菜单式全装修，满足消费者个性化需求；坚持标准化设计、工厂化生产、装配化施工、一体化装修、信息化管理、智能化应用，提高技术水平和工程质量，促进建筑产业转型升级。

　　在国家政策的支持下，行业发展迅速。但从行业的总体规模上来看，装配式内装修的市场规模仍然较小。尽管装配式建筑在全国范围内得到大力推广和应用，各地涌现出不少成功案例，但仍有不少问题需要给予高度关注，尤其突出的是普遍存在"重主体、轻装修""注重首次建设，忽略后期维护"等观念，其带来的问题日趋凸显。传统装修方式的问题主要有浪费资源和能源、环境污染严重、生产效率低下、劳动力不足等。因此，推广装配式内装修势在必行，装配式内装修的市场需求和市场规模也必将迎来爆发性的增长。

　　装配式内装修行业的发展趋势已经明晰，但还面临诸多问题，主要包括技术和人才的问题。从技术层面来看，目前，装配式内装修包含的新技术、新做法、新部品较多，很多产品缺乏工程应用的经验和数据支撑，导致在项目应用中，面临比传统装修更难把控的局面，开发企业更加谨慎地进行选择或采取暂时观望态度；从人才培养方面来看，现阶段我国各类院校无装配式内装修相关专业或方向，装配式内装修教材更是凤毛麟角，相关专业的教师对装配式内装修的了解和研究不够深入，教学资源缺乏，亟待将相关企业长期积累的实践经验及技术成果转化为教学内容。本书由南通装配式建筑与智能结构研究院、邦得科技控股集团有限公司、中国装饰股份有限公司三家企业共同编撰，主编企业深入调研梳理目前国内成熟的主流工艺工法，与装配式内装修头部企业进行深入合作，详细介绍装配式内装修的技术体系，并采用案例分析的方式，强化对读者灵活应用能力的培养，填补了市场上的空缺，对行业的健康发展具有重要的引导作用。

　　本书从装配式内装修各系统出发，将七大系统按照部品概念—部品分类—集成设计—装配施工—质量验收—练习与思考的顺序，分别进行较为详细的介绍，增加完整的设计案例分析学习，可读性更强，应用价值更高。本书可作为装配式装修技术人员和管理人员的技术实用书，也可以作为装配式装修一线技术工人培训教材，还可作为高等院校相关专业的教材和参考用书。

目 录

第1章 装配式装修概述

本章主要介绍装配式装修的起源、发展历程、优势与挑战，以及在住宅、商业和公共领域的应用等（图 1-1），还涵盖关键技术与材料，探讨未来发展趋势和政策影响。通过本章，读者将建立起对装配式装修的基本认知，为深入学习奠定基础。

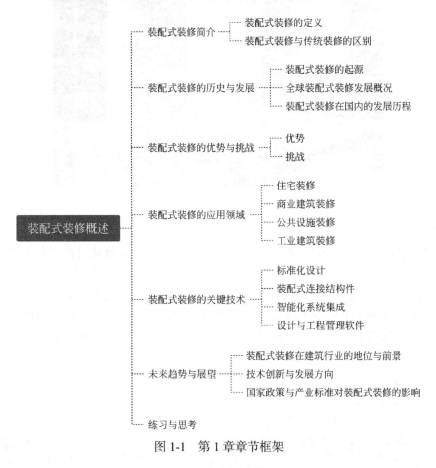

图 1-1　第 1 章章节框架

1.1　装配式装修简介

1.1.1　装配式装修的定义

装配式装修是一种现代化的建筑装修方法，在工厂预制各种装修部品，然后在施工现场进行组装，完成建筑内部的装饰和装修。这种方法与传统的现场施工相比，具有工期短、质量可控、环保节能等优势。

1. 可持续性

装配式装修可持续性包括两方面：一是建筑长寿化。创新设计理念，在新装修和翻新过程中尽量采用避免破坏主体结构的设计方案（图1-2），保证建筑主体结构安全，延长建筑主体结构寿命，降低建筑拆除更新的频次，这是对资源能源的最大节约。二是绿色环保。采用绿色、可再生、可重复使用、可循环使用的建筑装饰材料，绿色施工、绿色运营，实现装修垃圾和运营垃圾零排放，满足绿色、安全、宜居的环境要求。

图 1-2　管线分离——SI 体系施工

2. 标准化

在装配式装修的开发设计方面，实现模块化、集成化、标准化可扩大内装部品的适用范围，在不同位置、不同类型建筑中都尽可能实现产品的通用和互换，达到降低制造成本，降低装配难度，统一内装部品规格的目的。在装配式装修的生产和施工方面，通过集成技术对基础建材和组件等进行工业化手段集成与组合，在工厂生产满足使用功能的部品（图1-3）。本着构造安全、耐久、经济原则和可持续发展目标，装配式装修部品要具备防火、防水、耐久、环保、可重复利用等特性，同时实现装配、维修过程中的免开槽、免开孔、免裁切、安装快、可拆卸、宜运输等要求。

图 1-3　工厂标准化生产

3．智能化

装配式装修基于 BIM 技术平台（图 1-4），既可以与建筑结构系统、外围护系统、设备与管线系统和建筑智能化措施设计进行集成一体化设计，也可以实现建筑土建结构施工、设备安装和装配化装修的穿插协调施工，大大提高设计和施工的工作效率和质量。

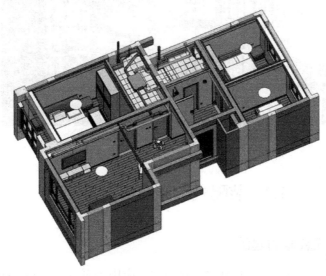

图 1-4　户型 BIM 模型

1.1.2　装配式装修与传统装修的区别

装配式装修与传统装修最大的区别在于施工方式。传统装修（图 1-5）是在施工现场进行的，各种装修构件需要在现场加工和安装；而装配式装修（图 1-6）是将各种构件在工厂预先制作完成，然后直接运输到现场进行组装，大大提高了施工效率和质量一致性。

图 1-5　传统装修

图 1-6 装配式装修

1.2 装配式装修的历史与发展

1.2.1 装配式装修的起源

装配式装修最早起源于 20 世纪初，起初主要应用于军事建筑和一些临时性建筑。随着工业化的推进和技术的进步，装配式装修逐渐得到了发展和完善。

20 世纪 20 年代初，"像造汽车一样造房子"的概念由法国建筑大师勒·柯布西耶在《走向新建筑》（图 1-7）中首次提出，希望建筑业像 20 世纪上半叶"批量复制"汽车那样，"批量复制"建筑。后来这个概念被延伸运用于装配式装修方向。

图 1-7 勒·柯布西耶与《走向新建筑》

1.2.2 全球装配式装修发展概况

在全球范围内，装配式装修得到了广泛的关注和应用。许多国家在装配式装修技术上取得了显著的进展，为建筑施工带来了革命性的变化。全球各地区在装配式内装修的发展上都有着独特的趋势和特点。

1. 亚洲市场

中国是全球最大的装配式建筑市场之一，政府大力支持和推动装配式建筑发展，以应对城市化进程中的住房需求和提升建筑质量，目前装配式装修正处于起步阶段，多种技术体系并行发展。

日本和新加坡等亚洲国家也在装配式内装修方面取得了显著进展，特别是在解决人口老龄化和地域限制等方面，装配式建筑的应用日益广泛。

2. 欧洲市场

欧洲各国对可持续建筑的需求日益增长，推动了装配式内装修的发展。德国、瑞典、英国等国家在装配式建筑方面处于领先地位，政府支持和法规促进了该领域的创新和应用。

欧洲装配式建筑市场还在不断探索材料循环利用、能源自给自足等方面的技术和方法，以进一步提升装配式内装修的可持续性和环保性。

3. 美洲市场

受住房和商业建设需求的驱动，北美地区的装配式建筑市场逐渐增长。美国和加拿大等国家在住宅和商业项目中开始采用装配式内装修，以提高建筑效率和质量。

一些北美地区的政府部门也通过激励计划和减税政策来支持装配式建筑的发展，鼓励企业采用先进的建造技术和材料。

4. 其他市场

其他地区如澳大利亚、新西兰等也在装配式内装修领域有所发展，尤其是在解决住房短缺和提高建筑质量方面，装配式建筑逐渐成为一种受欢迎的选择。

一些发展中国家也开始关注装配式建筑技术，希望通过引进先进的装配式内装修技术来提高效率和质量，满足不断增长的建筑需求。

综合来看，全球各地区在装配式内装修的发展上都在不断探索创新，政府支持、市场需求和技术创新是推动该领域发展的关键因素。随着对建筑质量、效率和可持续性的要求不断提高，装配式内装修在全球范围内将会持续发展并扮演重要角色。

1.2.3 装配式装修在国内的发展历程

我国装配式装修起步较晚，但近年来因政策扶持和市场需求，装配式装修发展迅速。政府部门和企业也加大了对该领域的支持和投入。

1. 探索期

20 世纪 80 年代至 2007 年，政策引导与部分企业尝试：20 世纪 80 年代的探索为工业化住宅室内装修模块提供了发展和突破的基础。20 世纪 90 年代末，我国出台多个文件，引导和鼓励新建商品房住宅一次装修到位或采用菜单式装修模式，推广全装修房。

由于国内环境不成熟，国外技术体系在国内受限制较大，复制日本等国家的技术体系在国内行不通。

2. 调整期

2008—2015 年，试点示范与政府倡导并行。

2000 年初，国内再次着力推广 SI 住宅（支撑体住宅），推行试点示范与政府提倡并行。

2008 年住房和城乡建设部下发《关于进一步加强住宅装饰装修管理的通知》，明确要求推广全装修住房，逐步达到取消毛坯房，直接向消费者提供全装修成品房的目标。

2010 年，住房和城乡建设部住宅产业化促进中心主持编制了《CSI 住宅建设技术导则（试行）》。针对我国建筑发展现状，吸收支撑体和开放建筑理论特点，借鉴日本、欧洲、美国的发展经验，体现中国发展特色。

3. 大力发展期

2016 年至今，在政府鼓励下企业积极行动。

2016 年 9 月，国务院发布《关于大力发展装配式建筑的指导意见》，装配式装修与装配式建筑同时受到关注。该指导意见明确提出：推进建筑全装修。实行装配式建筑装饰装修与主体结构、机电设备协同施工。积极推广标准化、集成化、模块化的装修模式，促进整体厨卫、轻质隔墙等材料、产品和设备管线集成化技术的应用，提高装配化装修水平。倡导菜单式全装修，满足消费者个性化需求。2017 年实施的《装配式混凝土建筑技术标准》GB/T 51231 和《装配式钢结构建筑技术标准》GB/T 51232 对"装配式装修"给出了明确的定义；2018 年《装配式建筑评价标准》GB/T 51129 开始实施。

1.3 装配式装修的优势与挑战

1.3.1 优势

装配式装修对于全面提升空间品质具有多方面的优势，满足人们对装修效率及品质的追求的同时，降低综合成本。

1. 工期短、效率高

装配式装修能够大幅缩短施工周期，主要为产品工业化定制和套装成品预制构件的制造，使得传统装修 80% 以上的工作量在工厂内完成；现场只需要简单的装配，即可快速实现装修效果，缩短工期，让建筑尽早投入使用从而提前获取投资回报。

2. 质量可控、环保节能

预制构件工厂化生产，质量易于控制，多采用标准化模块，严格控制模块质量与工艺，确保标准统一，实现高品质装修，降低后期维护成本，且减少了现场施工的环境污染。

3. 降低施工安全风险

装配式装修部品的主要操作均在工厂生产完成，现场施工减少，更利于管理及施工环境的控制，避免大量因施工操作不当造成的风险，能有效降低施工过程中的安全隐患。

1.3.2 挑战

1. 技术要求较高

装配式装修需要专业的技术人员掌握操作步骤进行和管理。我国的装配式装修产业发展整体起步较晚、人才培养机制不健全，亟须进一步加大专业技术人员培训力度，建设复合型人才尤其是设计队伍。同时，需要创新人才培养模式，在职业伦理、课程体系、教材库、技术实操等方面建立人才培养长效机制，满足装配式装修产业化发展需求。

2. 设计、配合、运输成本等问题

装配式装修需要在设计、运输、安装等方面考虑更多因素。由于装配技术不完善，部品部件供给不足，相关技术标准与政策体系不完整，装配式装修难以形成上下游完整产业链。装配式装修起步晚、发展迅速，用户口碑的积累需要时间沉淀，产品还需根据用户体验不断进行改善。

3. 市场认可度与推广难度

相对传统装修，市场对装配式装修的认可度和接受程度有待提高。一是客户质疑其能否达到和传统装修相同的质感，二是地产商质疑成本与供给稳定性。材料整合模式并不改变原有主材，只是根据不同主材性质研发连接和固定工艺，短期内可以大幅放量满足开发商对于提高装配率的需要，但是在优化用户体验以及降低成本方面作用较小。

1.4　装配式装修的应用领域

1.4.1　住宅装修

装配式装修在住宅领域得到广泛应用，特别是在大型住宅社区和集中式住宅项目中，装配式装修能够极大地提高施工效率。

住宅可以分为高品质精装住宅和保障房两大部分。对于高品质住宅而言，装配式装修可以提升住宅品质，形成差异化竞争，符合绿色可持续性建设理念。而保障性住房（图1-8）对工程周期和绿色材料方面要求较高，装配式装修可实现快速安装，材料绿色低碳，可根据造价在墙面和地面等区域灵活选择。

图1-8　保障性住房装修

1.4.2　商业建筑装修

商业建筑对装修的质量和进度要求较高，装配式装修能够满足这些要求，成为商业建筑装修的主流方式之一。

商业建筑作为人员密集型场所，在材料选择上更加注重材料的防火等级、材料的易用性和耐用性、材料饰面是否美观以及个性化的定制、后期维保是否方便、工期是否有保证等，从以上几点来看，装配式装修产品有着天然优势，装配式装修产品主要应用在墙面和顶面，产品丰富（图1-9）。

图1-9 酒店装修

1.4.3 公共设施装修

公共设施如学校、医院等也逐渐采用装配式装修，以确保装修质量和施工进度。

学校、医院一类的建筑重复空间较多，在应用装配式部品时，需要更加注重空间模块化、标准化的设计，以符合工厂批量生产的要求，节约建造成本（图1-10）。

图1-10 医院装修

1.4.4 工业建筑装修

工业建筑采用装配式装修在国内外均呈现出明显的增长态势。以下是该趋势的一些关键因素：

高效节约：工业建筑一般要求建筑周期短、成本控制严格。装配式装修能够在工厂内预制，然后现场组装，大幅缩短了施工周期，降低了人力成本，减少了材料浪费，因此受到工业建筑业主的青睐。

质量保障：工业建筑对于安全性和耐用性要求较高，而装配式装修可以在受控的环境下进行质量管理，提高了施工质量和一致性。

模块化设计：工业建筑通常需要灵活的空间布局，装配式装修可以通过模块化设计，满足不同的功能和需求，为工业生产提供定制化的解决方案。

技术进步：随着科技的发展，装配式建筑和装修技术不断创新。例如，3D 打印技术、智能化生产线的运用，使得装配式装修更加灵活和高效。

可持续发展：工业建筑领域越来越关注可持续发展。装配式装修通常能够减少能源消耗和对环境的影响，符合工业建筑绿色、环保的发展理念。

政策支持：一些国家和地区出台了政策支持工业建筑采用装配式装修。这些政策包括财政补贴、优惠税收等措施，鼓励企业采用先进的建筑技术和装修方式。

随着中国制造业的快速发展，工业建筑的需求持续增长，而采用装配式装修能够提高工业建筑的建设速度和质量，受到越来越多企业的关注。同时，政府也在推动工业建筑装配式装修的发展，促进建筑产业转型升级。

一些发达国家也在积极推动工业建筑装配式装修的发展，例如，欧洲、北美等地区，装配式建筑已经成为工业建筑的主流形式之一。

综上所述，工业建筑采用装配式装修的趋势将会持续增长，这不仅符合工业建筑的发展需求，也是建筑行业转型升级的重要方向之一。

1.5　装配式装修的关键技术

1.5.1　标准化设计

装配式装修前期的设计是重要环节，主要包含装配式墙面、装配式吊顶、装配式架空地面、集成门窗、装配式厨卫等系统设计（图 1-11），需要全面考虑各部品之间的相互关系，避免冲突，并形成各专业之间的连贯与融合。

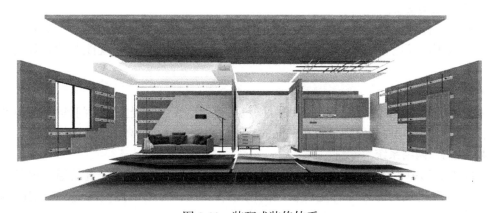

图 1-11　装配式装修体系

作为装配式装修的最大特点之一，在设计阶段，对构件设计、拆分等方面需要做好优化工作，保证装配式构件在设计、生产、施工过程中的紧密连接，形成完整的工艺流程，引导装修部品部件生产企业与建设单位、设计单位、施工单位就装修部品部件的模数尺寸进行协调统一，推进装修部品部件标准化、模数化、系列化。

1.5.2 装配式连接结构件

装配式连接结构件是装配式装修的核心技术，是对传统安装方式的优化和革新。由标准连接件（图 1-12）替代传统的木龙骨和焊接，在设计加工完成后运输到现场，组装、拆卸都更加方便，降低人工成本。

图 1-12　标准连接件

1.5.3 智能化系统集成

智能化系统集成包括智能家居、安防系统等，使装配式装修更加智能化、舒适化，满足用户对居住环境的要求。装配式装修中的智能化系统集成技术是指将各种智能化系统与建筑结构预先集成在一起，以实现自动化控制、能源管理、安全监控等功能。

1. 智能家居系统

智能家居系统是装配式装修中常见的智能化系统之一。通过集成智能家居技术，用户可以远程控制灯光、温度、安防系统等设备，提高了居住舒适性和生活便利性。

2. 能源管理系统

装配式装修的能源管理系统可以通过智能化技术实现对能源的监控、调节和优化管理，包括太阳能发电系统、智能照明系统、智能空调系统等，以实现能源的高效利用和节约。

3. 安防监控系统

装配式装修中集成的安防监控系统可以包括视频监控、入侵报警、门禁控制等功能，通过智能化技术实现对建筑内外安全状况的实时监测和管理，提高了居住的安全性。

4. 通信与网络系统

装配式装修中的智能化系统还包括通信与网络系统，通过集成先进的通信设备和网络技术，实现建筑内部各种智能设备之间的互联互通，为用户提供高速、稳定的网络连接。

5. 智能化控制系统

智能化控制系统是智能化的核心部分，通过集成自动化控制设备和智能化软件，实现对建筑内部各种系统的统一管理和控制，提高了建筑的运行效率和管理便利性。

6. 数据分析与优化

装配式装修中的智能化系统可以通过数据采集和分析，实时监测空间内部各种设备和系统的运行状态，为用户提供智能化的数据分析和优化建议，以提高建筑的能效性能和运行效率。

综上所述，智能化系统集成技术在装配式装修中发挥着重要作用，不仅提升了居住的舒适性、安全性和能源效率，也为用户提供了更智能化、便利化的居住和使用体验。

1.5.4 设计与工程管理软件

设计与工程管理软件能够帮助实现装配式装修的设计、施工和管理，提高工程效率和质量。装配式装修行业设计与工程管理软件的使用情况日益普遍，这些软件通常用于设计、施工管理、项目协作、资源调度等方面。

1. 设计软件使用情况

三维激光扫描与 BIM（Building Information Modeling）技术：BIM 是装配式建筑设计中广泛使用的技术，能够以数字化、三维化的方式模拟建筑物的各个方面，包括结构、设备、材料等，提供了全面的设计和施工信息（图 1-13）。三维激光扫描与 BIM 技术的结合在装配式装修中能够提高数据精准性、优化设计和施工流程、提升施工质量，从而推动装配式建筑行业向数字化、智能化方向发展。

图 1-13　三维激光扫描室内生成模型

CAD 软件：许多装配式装修企业和设计团队仍然依赖于传统的计算机辅助设计（CAD）软件，用于绘制平面图、立面图和施工图等。

2. 工程管理软件使用情况

项目管理软件：项目管理软件如 Microsoft Project、Oracle Primavera 等被广泛用于装配式装修项目的进度计划、资源分配、任务管理等方面，帮助团队协调工作和监控项目进展。

施工管理软件：施工管理软件如 Procore、BIM 360 等提供了现场施工管理的全方位解决方案，包括施工进度追踪、质量管理、安全管理等功能，提高了施工效率和质量。

质量管理软件：一些专门的质量管理软件用于检查和跟踪装配式装修项目的质量问题，帮助团队及时发现和解决施工质量方面的问题。

3. 资源调度与协作软件使用情况

在线协作平台：诸如 Microsoft Teams、Slack 等在线协作平台被广泛用于团队沟通、文件共享和项目讨论，提高了团队协作的效率和透明度。

资源调度软件：一些专门的资源调度软件用于安排施工人员、材料和设备的使用，帮助优化资源利用和提高工作效率。

1.6 未来趋势与展望

1.6.1 装配式装修在建筑行业的地位与前景

随着社会发展和技术进步，装配式装修在建筑行业中的地位将进一步提高，成为建筑行业的重要发展方向。住房和城乡建设部发布的《"十四五"建筑业发展规划》明确，"十四五"时期，我国要初步形成建筑业高质量发展体系框架，建筑市场运行机制更加完善，工程质量安全保障体系基本健全，建筑工业化、数字化、智能化水平大幅提升，建造方式绿色转型成效显著，加速建筑业由大向强转变。装配式建筑不仅是主体结构的工业化，也是内装修的工业化。

1. 发展必然

（1）巨大的增量市场

伴随着近年来我国房地产的向好发展以及人民生活水平的不断提高，市场对装修装饰行业的服务需求越来越大，使得我国装修行业市场规模也不断增大。因传统装修存在污染、偷换材料、装修时间长、延误工期、低劣交房品质、房屋二次维修成本巨大等问题，装配式装修成为市场的重要变革力量。装配式装修通过标准化设计、工厂化生产、集中化安装，解决了传统装修存在的上述问题，正在成为装修领域的发展方向。

未来的装修市场，商品房全装修、城市更新及旧房改造升级等方向都存在较为稳定的市场增量。

（2）人工成本越来越高

据调查，行业从业者队伍中，20～35 岁的从业者主要集中在工程设计、施工管理、工厂加工领域，女性比例在 40%～60%，而施工现场工作人员主要由 40 岁以上的中年人构成，男性比例在 90% 左右。

施工人员老龄化主要归结为建筑行业工作环境：工作时间长、工作环境恶劣、吃住条件差及福利待遇不好等问题。由于恶劣的工作环境，年轻技术工人补充严重不足，施工现场劳动力老龄化现象日益突出，从业者队伍的年龄、性别结构越来越不合理，行业已经到了改变施工作业方式的临界点，技术升级是转变行业发展方式的重要推动因素。

2. 社会意义

装配式装修不仅仅是产业链的变革，在价值链和生态链上也具有显著优势。

首先，在产业链方面，装配式装修的需求推动了材料供应商提升产品质量和生产效率，激发了制造商实现规模化生产和标准化生产的动力，同时促进了施工企业提高施工技术和服务水平，从而推动整个装配式装修产业链的优化和升级。

其次，在价值链方面，装配式装修通过工厂化生产提升了产品质量和市场竞争力，同时提供更快捷、更便利的施工服务，增加了服务价值和客户满意度，进而提升了品牌价值和市场份额。

最后，在生态链方面，装配式装修通过资源高效利用、能源消耗降低、环境污染减少和循环利用提升等方面，促进了资源的可持续利用，降低了对环境的影响，推动了可持续发展。

综上所述，装配式装修在各个链条上的优势相辅相成，为行业的健康发展和可持续发展提供了有力支撑。

1.6.2 技术创新与发展方向

未来装配式装修将向更智能化、绿色化方向发展，加大对材料、技术的创新和应用，推动装配式装修行业的进步，未来新的发展方向可能包括以下几个方面：

（1）绿色化装配式装修

绿色化装配式装修是建筑装饰行业工业化、产业现代化发展必不可少的一环，绿色化装配式装修体系必然会在未来的建筑与装饰行业中广泛应用。

绿色化装配式装修体系的目标是使装配式建筑从设计、生产、运输、建造、使用到报废处理的整个生命周期中，对环境影响最小，资源效率最高，使得装修材料及安装施工朝着安全、环保、节能和可持续的方向发展。

（2）装配式装修体系模数化、标准化、集成化

我国现阶段装修相关体系及建材主要是以企业各自研发为主，各企业之间融合度低。未来将从各自独立的体系向开放体系转变，可致力于发展标准化的功能模块、设计统一模数，再加上个性化集成，既方便生产和施工，也可为业主提供更多的选择自由。

（3）施工技术人员的重新定义

随着人口红利消失，工人断层，建筑和装修行业的劳动力越来越紧缺。装配式装修相较于传统装修极大地节省了人力，改善了作业环境，传统的"农民工"将会转型为产业化工人。

同时，致力于发展智能化装配模式，发明推广机器人、自动装置等，使得施工现场不再需要大量的体力劳动，同时可以缩短工期，提高施工效率。

（4）政策推动向市场推动转变

国内装配式装修处于初期阶段，规模效益无法体现，需要政府制定目标任务、扶持政策、激励措施、推动引导行业发展。现阶段装配式装修在实际推行中，还是遇到不少困难。随着装配式装修的规模越来越大，市场将形成新的推动力，政府建立协调和完善的监管体系，市场需求将会有力地促进和推动装配式建筑的发展。

1.6.3　国家政策与产业标准对装配式装修的影响

政府对装配式装修的政策支持和产业标准的制定将对行业发展产生深远影响，推动行业规范化和健康发展。

1. 政策支持

近年来，我国多地陆续出台"十四五"规划，规划指出，"十四五"期间住房项目全面落实绿色建筑标准，推广装配式建造方式，推进住房项目全装修。

2021年以来，多地相继发布标准规范，填补各地方装配式装修标准规范领域空白。截至目前，除国家标准外，已有7个省（自治区、直辖市）、2个城市发布装配式装修相关标准、规程以及图集，有效填补装配式装修标准规范领域空白，为下一步有关政策的制定、技术推广以及市场实施提供有力抓手。其中，深圳市除了发布《居住建筑室内装配式装修技术规程》外，还发布了《中小学建筑装配式装修技术规程（征求意见稿）》，将标准规范拓展到多个建筑领域。

同时，多地也出台了对于装配式装修的任务目标，其中内蒙古要求2023年起，新建装配式建筑要全面实行装配式全装修，2025年市中心城区商品房装配式装修率达到30%以上；秦皇岛市提出2021年新建装配式建筑采用装配化装修技术的比例达到20%以上，2022年达30%以上。

建筑业"十四五"规划中，对装配式装修方面做了如下规划：

（1）推进装配化装修模式在装配式、星级绿色建筑工程项目中的应用。

（2）推动发展数字化设计。搭建建筑产业互联网平台，支持和引导有条件的建筑行业工业企业发展工业互联网。

（3）优化项目组织管理。推广数字设计、智能生产、智能施工、装配安装一体化模式。

2. 装配式建筑综合评定

为促进装配式建筑高质量发展，规范装配式建筑综合评定，各地住房和城乡建设厅出台装配式建筑综合评定标准，总结装配式建筑及装配式内装发展现状和实践经验，明确预制装配率的计算方式。标准中明确，装配式建筑必须采用全装修，装配式全装修可以避免二次装修带来的建筑结构损伤。

装配式装修是装配式建筑的重要组成部分，采用装配式装修在装配式建筑评价体系中得分高，降低对主体结构和围护墙上得分的要求，为获得 A 级装配式建筑评价打好基础。装配率可按式（1-1）计算：

$$P = \frac{Q_1 + Q_2 + Q_3}{100 - Q_4} \times 100\% \tag{1-1}$$

式中　P——装配率；

　　　Q_1——主体结构指标实际得分值；

　　　Q_2——围护墙和内隔墙指标实际得分值；

　　　Q_3——装修和设备管线指标实际得分值；

　　　Q_4——评价项目中缺少的评价项分值总和。

装配式建筑评分标准及分值，见表1-1。

评价项		评价要求	评价分值	最低分值
主体结构 （50分）	柱、支撑、承重墙、延性墙板等竖向构件	35%～80%	20～30*	20
	梁、板、楼梯、阳台、空调板等构件	70%～80%	10～20*	
围护墙和内隔墙 （20分）	非承重围护墙非砌筑	≥80%	5	10
	围护墙与保温、隔热、装饰一体化	50%～80%	2～5*	
	内隔墙非砌筑	≥50%	5	
	内隔墙与管线、装修一体化	50%～80%	2～5*	
装修和设备管线 （30分）	全装修	—	6	6
	干式工法楼面、地面	≥70%	6	—
	集成厨房	70%～90%	3～6*	
	集成卫生间	70%～90%	3～6*	
	管线分离	50%～70%	4～6*	

注：带"*"项的分值采用内插法计算，计算结果取小数点后1位。

3. 相关标准

装配式装修标准化模式正在逐步推进，在国家政策的鼓励和推动下出台了相关标准，见表1-2，对行业的设计和施工起到统一和规范作用，确保施工质量，提高效率。

装配式装修相关标准 表1-2

序号	标准编号	名称	标准类型
1	DB21/T 2585	装配式住宅全装修技术规程	地方标准
2	DB32/T 3965	装配化装修技术标准	地方标准
3	DB34/T 5070	装配式住宅装修技术规程	地方标准
4	JGJ/T 491	装配式内装修技术标准	行业标准
5	T/CECS 1265	装配式内装修工程室内环境污染控制技术规程	团体标准
6	T/CECS 1310	装配式内装修工程管理标准	团体标准
7	JGJ/T 467	装配式整体卫生间应用技术标准	行业标准
8	JGJ/T 398	装配式住宅建筑设计标准	行业标准

练习与思考

一、填空题

1. 装配式装修可持续性包括两方面：一是_____，二是_____。
2. 法国建筑大师勒·柯布西耶在《走向新建筑》中首次提出_____。
3. 我国装配式装修的发展进程大致分为_____、_____、_____三个阶段。
4. 装配式装修对于全面提升空间品质具有多方面的优势，满足人们对装修效率及品质的追求的同时，降低_____。

5. 装配式装修多应用于_____领域。

二、选择题

1. 为达到降低制造成本，降低装配难度，减少内装部品规格、数量的目的，开发设计时多遵循（　　）的原则。

A．特殊化　　　　B．定制化　　　　C．标准化　　　　D．品质化

2. 装配式装修最早起源于（　　）。

A．21 世纪初　　B．20 世纪初　　C．19 世纪初　　D．18 世纪初

3. 装配式装修能够大幅缩短施工周期，主要为产品工业化定制和套装成品预制构件的制造，让传统装修 80% 以上的工作量在（　　）内完成。

A．工厂　　　　　B．施工现场　　　C．板材车间　　　D．设计部门

4. 装配式装修的最大特点为（　　）。

A．绿色　　　　　B．环保　　　　　C．标准化　　　　D．成本低

5. 装配式装修的核心技术为（　　）。

A．标准化设计　　B．连接结构件　　C．安装工艺　　　D．模数化部品

三、简答题

1. 简述装配式装修与传统装修的区别。

2. 简述装配式装修全球发展概况。

3. 简述装配式装修在我国的发展历程。

4. 简述装配式装修在公共设施建筑上的应用。

5. 简述装配式装修发展趋势。

第 2 章　装配式墙面

本章专注于装配式墙面系统的细节，涵盖墙板种类、设计深化、装配施工及质量验收等方面（图 2-1）。深入探讨墙板的特性、设计阶段的要点，以及施工过程中的关键环节，确保质量达标。通过系统介绍装配式墙面系统，读者能全面了解该系统的设计、施工和验收流程，为实践提供参考。

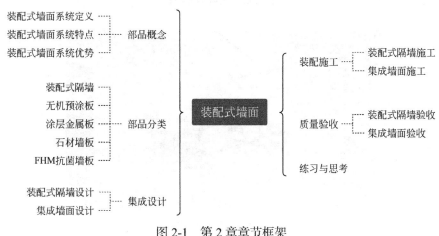

图 2-1　第 2 章章节框架

2.1　部品概念

2.1.1　装配式墙面系统定义

装配式墙面是一种快速、高效、质量可控的装饰墙体建造系统，分为装配式隔墙和集成墙面两部分。

1. 装配式隔墙

装配式隔墙是指在建筑施工中采用预制构件和模块化组件来构建隔墙的一种技术，核心在于构件的标准化生产和现场的装配式安装，以施工效率高、质量可控、成本低、灵活定制等优势逐渐成为新的趋势（图 2-2）。

2. 集成墙面

集成墙面是指由装饰面层、基材、功能模块及构配件（龙骨、连接件、填充材料等）构成，采用干式工法、工厂生产、现场组合安装而成的集成化墙面产品（图 2-3）。适用于民用建筑客厅、卧室、厨房、卫生间等室内空间非承重隔墙墙面设计。墙面功能模块及构配件与建筑墙体形成一定的空腔，空腔内可以敷设管线，实现了管线与主体结构的分离，无须再破坏建筑墙体剔槽埋线，进一步提高了建筑的使用年限。墙板之间为物理连接，安

图 2-2　装配式隔墙

图 2-3　集成墙面

装便捷，可实现单块拆卸，便于后期设备管线检修与更换。

2.1.2　装配式墙面系统特点

1.　干式工法装配

干式工法避免以石膏腻子找平、砂浆找平、砂浆粘结等湿作业的找平与连接方式，通过锚栓、支托、结构胶粘等方式实现可靠支撑构造和连接构造，是一种加速装修工业化进程的装修工艺。

2.　管线与结构分离

管线与结构分离是以建筑支撑体与填充体分离的 SI 理念为基础，将设备管线（如给水排水、强电、弱电、暖通、燃气、消防系统等）与结构系统分离开的设置方式（图 2-4）。在装配式装修中，设备管线系统是建筑内部空间的构成部分，主要将其安装布置在建筑隔墙和墙体界面与装饰工程支撑结构之间的空腔里。

3.　部品集成定制

工业化生产的方式有效解决了施工生产的尺寸误差和模数接口问题，并且实现了装修部品之间的系统集成和规模化、大批量定制。部品系统集成是将多个分散的部件、材料通过特定的制造供应集成一个有机体，性能提升的同时实现了干式工法，易于交付和装配。

| 吊顶中敷设管线 | 架空地面敷设暖管 | 龙骨墙空腔内敷设管线 | 架空地面敷设水暖管 |

图 2-4　管线分离体系

2.1.3　装配式墙面系统优势

装配式墙面系统将传统墙面常用的不同饰面统一成模块化的成品饰面板，解决了传统装修中壁纸污染重、翻新烦琐，砖和石材施工过程久且铺装工艺复杂的问题。具有性价比高、生产施工高效、环保节能等优势（图 2-5）。

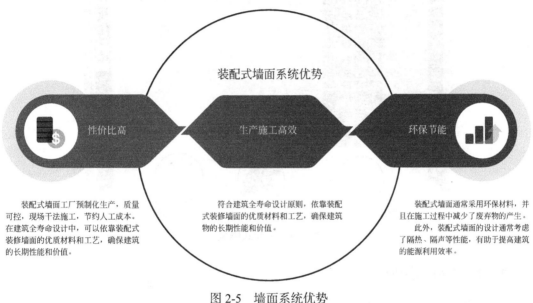

图 2-5　墙面系统优势

1. 性价比高

模块化的装配式墙面采用工厂预制、干法工艺施工，安装翻新简单且方便重复使用，产品综合性价比高于传统墙面装修。

2. 生产施工高效

装配式墙面的安装施工采用工厂预制墙板，使用龙骨调平后用螺钉安装固定，墙面无须水泥砂浆找平，全过程干法施工，极大地减少了施工时间，且无污染，施工完成后即可以入住。

3. 环保节能

装配式墙面内部基层种类丰富，安装中使用螺钉而不使用胶水，绿色环保。且基层材料为防火板材，防火阻燃且燃烧不会释放有毒气体，用于公共建筑内部符合防火规范要求，也符合现代绿色建筑的装修要求。

2.2 部品分类

2.2.1 装配式隔墙

装配式隔墙采用工厂预制的模块化墙体元件，在现场进行组装和安装，可实现墙体装饰一体化。

装配式隔墙（图 2-6）多采用轻钢龙骨作为框架，内置隔声板和集成管线模块，外层复合饰面，干法安装且可循环利用，施工方便快捷，性价比高。

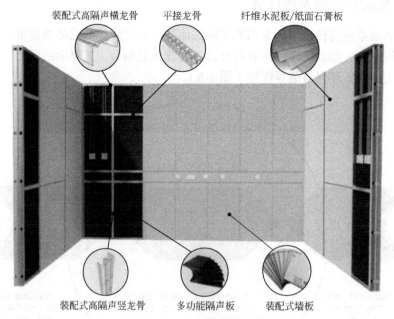

图 2-6 装配式隔墙

2.2.2 无机预涂板

无机预涂板（图 2-7）是以硅酸钙板作为基材，再通过控制设备将饰面通过 UV 涂层、表面包覆等工艺制成。

图 2-7 无机预涂板

2.2.3 涂层金属板

涂层金属板（图2-8），是以金属板为基层，辅以低碳多功能涂层，使产品具备了抗菌、自洁净、耐候性强、保温隔热、防腐、防锈、耐磨、抗冲击、抗划伤、防污、便于加工等特性，且防火等级达到A2级，抗菌等级高。

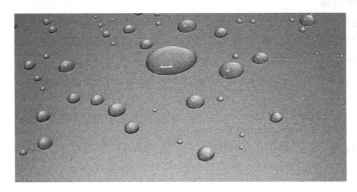

图2-8　涂层金属板

2.2.4 石材墙板

石材墙板主要以岩板（图2-9）为主，采用干挂工艺，安装速度快，拆卸更换方便，多用于公区装饰。

图2-9　岩板

2.2.5 FHM抗菌墙板

FHM抗菌墙板是一种特殊设计的墙面装饰材料，其表面添加了FHM抗菌剂，可以有效抑制细菌、真菌等微生物的生长。这种墙板款式多样，不仅有助于保障室内环境的卫生，降低疾病传播的风险，而且特别适用于医院、实验室等对卫生要求较高的场所。

2.3 集成设计

2.3.1 装配式隔墙设计

1. 设计准备阶段

隔墙设计也称户型设计，是房屋设计中至关重要的一环。在设计工作开始前，需要获取项目信息，实地考察现场，明确业主需求，分析户型的优缺点。

2. 方案设计阶段

明确设计需求之后，在原始的图纸基础上规划出室内空间的布局，确定门的位置和尺寸。

3. 示例

以公寓为例，根据空间需求及功能分区，使用 CAD 软件绘制隔墙位置，该项目需在同一空间内分隔出厨房、卫生间功能，并标注尺寸（图 2-10）。

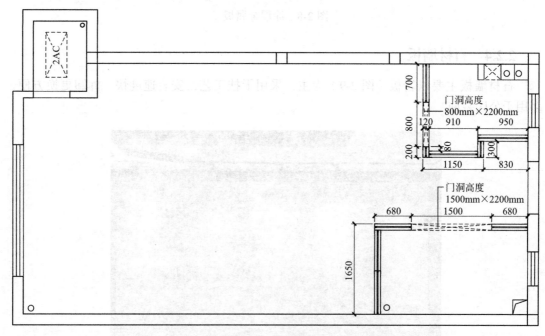

图 2-10　隔墙定位

2.3.2 集成墙面设计

1. 材料

根据项目对应的空间属性选择较为合适的基层材料。例如，医院需要选用特殊的无菌材料来满足医院的卫生要求；公共区域如商场等需要考虑到墙板材料防火属性，以及需要耐久性和易清洁；住宅空间则需要着重考虑其隔声、保温等属性。

2. 风格

墙板的选择需要考虑整体室内空间的风格，来保证整体风格的统一。

3. 颜色

集成墙板的颜色和纹理的选择在整体设计中显得尤为重要，需要根据室内空间属性选择相对应的颜色与纹理（图 2-11）。以住宅空间为例，客厅作为公共空间宜采用明亮色系，可选择局部的亮面材料和金属材料，来提升空间的品质感；而卧室需要一个安静温馨的氛围，则较多选用米灰色调。如空间较小，则在纹理选择上尺度不宜过大，如果花纹样式较为夸张则不适宜大面积使用。

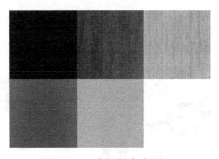

图 2-11　墙板颜色与纹理

4. 示例

根据空间功能及风格，使用 CAD 软件绘制背景墙立面图。该项目需注意不同的空间功能，墙面需选择不同的材料，并设计床背景墙和沙发背景墙，标注尺寸（图 2-12）。

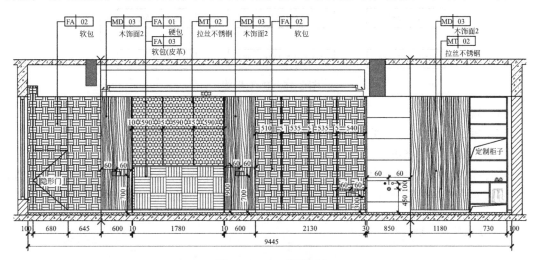

图 2-12　立面图绘制

2.4　装配施工

2.4.1　装配式隔墙施工

1. 施工材料

所使用的材料包括：横龙骨、竖龙骨、保温板、隔声板、膨胀螺钉等（图 2-13）。

图 2-13　施工材料

2. 施工工具

所使用的工具包括：充电电批、冲击钻、水平仪、墨盒、结构胶枪等（图2-14）。

图2-14　施工工具

3. 施工步骤

装配式隔墙施工主要步骤如图2-15所示。

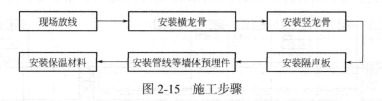

图2-15　施工步骤

（1）现场放线

施工前，需要首先对现场进行清理，清除地面、墙面的杂物，清点施工所需要的材料，检查工具是否准备齐全。

清理完成后查看图纸，根据图纸设计的墙体位置，使用红外水平仪、墨斗在隔墙与地面、楼板对应位置进行放线（图2-16），需注意上下垂直，做好门窗洞的位置标注。

图2-16　现场放线墙体定位

（2）安装横龙骨

根据墨线位置在顶棚及地面安装横龙骨，并使用膨胀螺栓固定（图2-17），固定间距

24

不大于 600mm。

图 2-17　安装横龙骨

（3）安装竖龙骨

在靠墙柱侧边的墙面上安装竖龙骨，进行固定（图 2-18）。

图 2-18　安装竖龙骨

（4）安装隔声板

在竖龙骨中间依次卡入隔声板，依次安装隔声板平接龙骨，并在接口处进行固定（图 2-19）。

图 2-19　安装隔声板

（5）安装管线等墙体预埋件

根据图纸中水电点位要求，安装管线及插座，使用螺钉固定在隔声板上（图 2-20）。

图 2-20　安装管线

（6）安装保温材料

根据项目需求选择合适的填充材料，依次填入墙体两侧的空腔中（图 2-21）。

图 2-21　安装保温材料

2.4.2　集成墙面施工

1. 施工材料

所使用的材料包括：装配式饰面墙板、轻钢龙骨、阴阳角收口条、密封胶、膨胀螺钉等（图 2-22）。

图 2-22　施工材料

2. 施工工具

所使用的工具包括：充电电批、冲击钻、水平仪、墨盒、结构胶枪等（图 2-23）。

图 2-23　施工工具

3. 施工步骤

集成墙面施工主要步骤如图 2-24 所示。

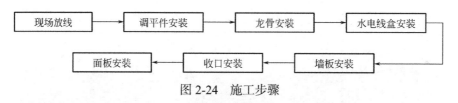

图 2-24　施工步骤

（1）现场放线

墙板安装前，需要对安装墙面进行清理，清理完成后查看图纸，根据图纸设计的背景墙造型，使用红外水平仪、墨斗对墙面进行放线，需要注意标注好水电点位的位置（图 2-25）。

图 2-25　墙面放线

（2）调平件安装

在墙面龙骨安装位置打孔，安装调平件（图 2-26）。

图 2-26　调平件安装

（3）龙骨安装

在对应位置安装龙骨，并进行固定（图2-27）。

图2-27　龙骨安装

（4）水电线盒安装

在对应位置排布水电管和开关、插座线盒，并进行穿线（图2-28）。

图2-28　水电管和开关、线盒布置

（5）墙板安装

按照图纸墙板选型，从一侧起顺次安装墙板（图2-29）。

（6）收口安装

安装收口条及踢脚线（图2-30）。

（7）面板安装

安装开关、插座面板，电路连接并进行测试（图2-31）。

图 2-29　墙板安装

图 2-30　收口安装

图 2-31　面板安装

2.5 质量验收

2.5.1 装配式隔墙验收

装配式隔墙安装完成后，需要对隔墙进行验收，参考现行标准《建筑装饰装修工程质量验收标准》GB 50210、《装配式内装修技术标准》JGJ/T 491 等进行验收。

1. 验收工具

验收工具为卷尺。

2. 检验方法

（1）装配式隔墙所用材料、尺寸及位置是否符合设计要求，隔墙的沿地、沿顶及边框龙骨应与基体结构连接牢固，门窗洞口等部位加强龙骨的安装应牢固、位置正确。

（2）装配式隔墙内的填充材料应满足隔声、保温相关规范。

（3）量尺测量隔墙上的孔洞、线盒位置是否与设计一致。

（4）平整度验收，验收标准详见表 2-1。

装配式隔墙安装允许偏差和检验方法 表 2-1

项次	项目	允许偏差（mm）	检验方法
1	立面垂直度	3	红外水平仪
2	表面平整度	3	2m 靠尺和塞尺
3	阴阳角方正	3	阴阳角尺

3. 检验步骤

（1）将红外水平仪放置在需要检测的位置，保证水平仪平整，打开水平仪，检查面板立面垂直度，立面垂直度误差应保证小于等于 3mm。

（2）将靠尺平放在被测表面上（确保靠尺的一边与表面接触，使其能够覆盖整个被测区域），将塞尺插入靠尺和表面之间的缝隙中（塞尺与表面以及靠尺之间的接触是轻微的，不要用力过度），检查并记录各个区域的平整度数据，表面平整度应小于等于 3mm。

（3）将阴阳角尺的一个边缘平放在一个边上，确保尺的两个臂分别贴着物体的两个表面，观察阴阳角尺的两个臂与物体表面的交会处，将塞尺插入阴阳角尺和墙面缝隙中，方正度应小于等于 3mm。

2.5.2 集成墙面验收

1. 隐蔽工程验收

龙骨及水电点位安装完成之后，需要进行隐蔽工程的验收，参考现行标准《建筑装饰装修工程质量验收标准》GB 50210、《装配式内装修技术标准》JGJ/T 491 等进行验收。

（1）验收工具：靠尺、卷尺。

（2）验收步骤：

1）核对图纸，检查水电点位安装位置是否正确。

2）使用卷尺测量龙骨固定间距，确保横向龙骨排布距离小于等于 600mm，顶底部龙骨距边小于等于 150mm。

3）使用卷尺测量龙骨固定间距，确保纵向龙骨排布距离小于等于 400mm，边部龙骨距边小于等于 100mm。

4）使用靠尺检查龙骨垂直度和平整度，垂直度和平整度误差应保证小于等于 3mm。

2. 平整度验收

饰面墙板安装完成后，需要进行装配式装修墙面部品验收。

（1）验收工具：靠尺、塞尺、红外水平仪、阴阳角尺。

（2）验收规范详见表 2-2。

饰面墙板安装的允许偏差和检验方法   表 2-2

项次	项目	允许偏差（mm）	检验方法
1	立面垂直度	2	红外水平仪
2	表面平整度	3	2m 靠尺和塞尺
3	阴阳角方正	3	阴阳角尺
4	压条直线度	2	红外水平仪、卷尺
5	压条高低差	2	红外水平仪、卷尺

3. 检验步骤

（1）将红外水平仪放置在需要检测的位置，保证水平仪平整，打开水平仪，检查面板立面垂直度，立面垂直度误差应保证小于等于 2mm。

（2）将靠尺平放在被测表面上（确保靠尺的一边与表面接触，使其能够覆盖整个被测区域），将塞尺插入靠尺和表面之间的缝隙中（塞尺与表面以及靠尺之间的接触是轻微的，不要用力过度），检查并记录各个区域的平整度数据，表面平整度应小于等于 3mm。

（3）将阴阳角尺的一个边缘平放在一个边上，确保尺的两个臂分别贴着物体的两个表面，观察阴阳角尺的两个臂与物体表面的交会处，将塞尺插入阴阳角尺和墙面缝隙中，方正度应小于等于 3mm。

（4）使用红外水平仪检测压条直线度，误差应小于等于 2mm。

（5）使用红外水平仪检测压条高低差，误差应小于等于 2mm。

练习与思考

一、填空题

1. 集成墙面是指由_____、_____、_____及构配件（龙骨、连接件、填充材料等）构成，采用干式工法、工厂生产、现场组合安装而成的集成化墙面产品。

2. 装配式隔墙多采用_____作为框架，内置_____和_____，外层复合饰面，干法安装且可循环利用，施工方便快捷，性价比高。

3. 集成墙板龙骨位置排布要求横向龙骨排布距离小于等于 600mm，顶底部龙骨距边_____。

4. 墙板安装完成后立面垂直误差要求_____。

5．为保证墙体隔声效果，需要在两侧墙体空腔中安装_____。

二、选择题

1．集成墙板种类丰富，以下基层板不属于无机类板的是（　　）。

A．氧化镁板　　　　B．埃特板　　　　C．石塑板　　　　D．陶瓷

2．管线与结构分离是以建筑支撑体与填充分离的（　　）理念为基础。

A．绿色环保　　　　B．SI　　　　C．标准化　　　　D．干法施工

3．涂层金属板以（　　）为基层，辅以低碳多功能涂层，使产品防火等级达到 A2，抗菌等级高。

A．金属板　　　　B．蜂窝板　　　　C．石塑板　　　　D．硅酸钙板

4．商业公共空间考虑到墙板防火消防属性，通常较少选用（　　）。

A．金属板　　　　B．瓷砖　　　　C．大理石　　　　D．地板

5．验收时检验墙面立面垂直度所使用的工具为（　　）。

A．靠尺　　　　B．塞尺　　　　C．红外水平仪　　　　D．阴阳角尺

三、简答题

1．简述装配式墙面系统的主要特点。

2．简述装配式墙面系统优势。

3．简单介绍两种不同种类的集成墙板材料。

4．简述装配式隔墙施工步骤。

5．简述集成墙面安装步骤。

第3章 装配式吊顶

本章主要介绍装配式吊顶相关分类、集成设计、装配施工及质量验收，对装配式顶面做系统且全面的介绍（图3-1）。

图 3-1　第 3 章章节框架

3.1　部品概念

3.1.1　装配式吊顶定义

装配式吊顶作为装配式装修部品的重要部分之一，从传统的石膏板吊顶慢慢升级成现在的集成吊顶，也衍生出做工精美的复式吊顶（图3-2）。在装修行业中，装配式的集成吊顶产品已在家装设计中逐渐得到大众的认可，由于其设计个性化、生产工业化、现场装配化，其施工过程具有绿色合理的装配特性，可实现装修一体化与应用高效快捷。

装配式吊顶有基础模块、功能模块和辅助模块等部分，各个功能模块能单独研发，再组合集成到一个新的吊顶系统中，满足不同用户的个性化要求。在设计过程中，充分考虑取暖、照明、设备等功能模块结合，保证居住的舒适性。

模块化、系统化、集成化的集成吊顶能很好地解决复杂造型施工难的问题，还能降低成本，实现仿真模拟。在设计过程中实现三维可视化，预先解决综合布线碰撞的问题，在提高住宅性能的同时提高企业效益。集成吊顶也可向墙面延伸，形成顶墙一体化，整体感更加强烈。

图 3-2　装配式吊顶

3.1.2　产品优势

为培育新产业新动能及推进新型城镇化的智能发展，在住宅家装模式的基础上，推广应用装配式的集成吊顶，以优化和变革传统的装饰装修建造方式。住宅的集成吊顶装配化在建造的过程中，现场噪声、粉尘、木屑、油漆、污水等的污染大大减少。

工厂预制模块建造体系利用了现代质量管理方法，预制化部品摒弃了传统建筑模式，对于每一个模块从设计到完成实体部品的每道工序都有标准且严谨的质量考核，使得每一件预制的吊顶模块部品的质量得到保证，进一步有效降低了工程成本，提高施工效率，保证建筑质量，使用环保安全，增加社会经济效益（图 3-3）。

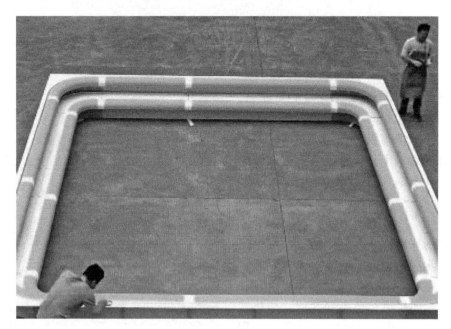

图 3-3　工厂组装吊顶

另外，每个家装的集成装配化吊顶工程项目都在工程预制模块建造前设置了个性化设计的重要环节，用户可以得到满意的设计，在装饰艺术上展现独特的个性品位。通过设计软件绘制深化施工图，确定预制的个性化特色的施工内容，在制作过程中，更有目的性地选用各种工厂所需预制设施设备，并在有限的厂区内分区规划预制场所，有针对性地培训所需的人员工种，有效地落实岗位，保证了预制工作的文明施工、质量安全、配送运输及配套服务，进一步为后期装配提供充分的准备。

3.2 部品分类

3.2.1 矿棉吸声板

矿棉吸声板（图3-4）是一种高效节能的建筑材料，重量较轻，且吸声效果好，防火性能突出。

图 3-4 矿棉吸声板

矿棉吸声板是以粒状棉为主要原料，再加入其他添加物高压蒸挤切割制成，具有很强的防火性与吸声性能。矿棉吸声板的表面处理形式十分丰富，是一种很好的装饰用吊顶材料。

3.2.2 铝扣板

铝扣板（图3-5）以铝合金板材为基底，通过开料、剪角、模压制造而成，质地轻便耐用。

铝扣板面层可结合不同涂层，如热转印、釉面、油墨印花、镜面、3D等，工程

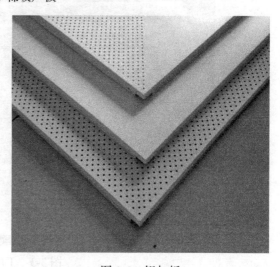

图 3-5 铝扣板

铝扣板常用的是滚涂、粉末喷涂、覆膜、磨砂等几种表面涂层，表面较为简单，颜色以纯色为主。

3.2.3　金属板吊顶

金属板吊顶（图3-6）的主要原料是铝锰合金或铝镁合金，通常为长条状，密排成吊顶面。

图 3-6　金属板吊顶

金属板吊顶具有防火、防潮、吸声、隔声及抗静电防尘的特性，在机场、商场等公共设施或其他公共、办公场所应用广泛。

3.2.4　蜂窝铝吊顶

蜂窝铝吊顶（图3-7）主要由铝基材层和铝制蜂窝芯复合而成，该板材无须批嵌、粉刷、打磨，一次成型，无粉尘污染，且产品无醛添加，绿色环保，使用寿命长，防潮防霉。工业化、标准化生产，安装快速，施工周期短并且无须二次施工。

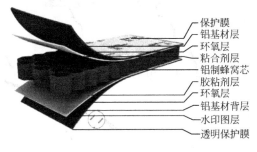

保护膜
铝基材层
环氧层
粘合剂层
铝制蜂窝芯
胶粘剂层
环氧层
铝基材背层
水印图层
透明保护膜

图 3-7　蜂窝铝吊顶

3.2.5　功能模块

装配式吊顶系统中的功能模块是指安装过程中需要使用的吊件、卡挂件、水平插件等配件。

1. 装配式吊顶快装吊件

吊件（图3-8）是装配式吊顶中连接龙骨与楼板的配件，安装时根据龙骨规格型号选用吊件，将龙骨压入吊件，通过倒置式的凸起卡扣将龙骨固定扣好。安装时，需要注意相邻吊件应反方向安装，防止同向安装导致主龙骨受力倾斜，并保证吊件与吊杆安装牢固，按吊顶高度上下调整至合适位置即可。

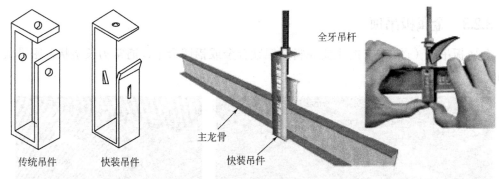

图 3-8　吊顶快装吊件

2. 装配式吊顶卡挂件

卡挂件（图 3-9）是连接主龙骨与次龙骨的连接件，成 U 形，U 形体的两个侧面上均加工有扣接部和加强孔，两个侧面各自在远离吊装面的部分末端向两侧各延伸出一个卡接部，可加载 600N 的力不滑落，四个角部无变形，满足行业要求，安装高效便捷，提升结构系统的整体稳定性能。

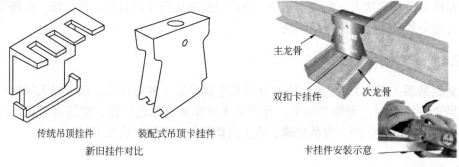

图 3-9　吊顶卡挂件

3. 装配式快装水平插件

水平插件（图 3-10）是连接水平面上主次龙骨的连接件，包括 4 个方向的卡接功能，使同一平面上的横撑龙骨与次龙骨连接更牢固。

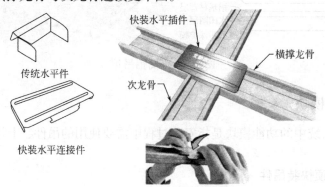

图 3-10　快装水平插件

3.2.6　辅助模块

装配式吊顶除了基础面板和吊件、卡挂件以外，也要兼顾业主个性化的选择，板材安装拼接之间也需要符合标准规范的适用高度和抗震抗压等级的连接节点，包括 GRG 线条模块和一体化预制风口。

1. GRG 线条模块

GRG 线条是用于收口墙面与顶棚之间的拼缝连接，而伴随着对装饰需求的增加，顶棚线条也兼具美观的作用，将顶棚向墙面延伸，使其成为一个整体（图 3-11）。

图 3-11　GRG 线条

GRG 也称预铸式玻璃纤维增强石膏制品，是一种以优等天然改良石膏为基料，添加石膏专用增强玻璃纤维和微量改性添加剂，制成的预铸式新型装饰材料。GRG 材料选型丰富，可任意用预铸式加工工艺定制单曲面、双曲面、三维覆面各种几何形状、镂空花纹、浮雕图案及无缝衔接等任意艺术造型。它具有壁薄、质轻、强度高及不燃性（A 级防火材料）的特性，并可对室内环境的湿度进行调节，营造舒适的生活环境。

GRG 线条具有可塑性强、面层效果选择丰富、强度高、抗冲击、抗拉伸、品质稳定、防火防潮等特性，广泛应用于家装装饰行业。

2. 一体化预制风口

一体化预制风口是一种结构简单、自重轻的成品风口（图 3-12）。把灯槽结构工序和风口、灯具及装饰图案综合一体整合，使用设计软件放样后，装饰板与安装板均在工厂预制组装完成，运送至现场后，直接与周围的吊顶或吊杆安装，便于施工，大大提高了施工效率，缩短了施工周期，降低了施工过程中对施工人员技术水平的依赖，施工质量稳定可控。

该产品结构简单，各构件之间及构件与连接吊杆之间，都为可拆卸连接，可实现后期的无损伤检修，大大降低了维修成本，施工节能环保。

图 3-12　一体化预制风口

3.3　集成设计

吊顶是装配式装修中的主要组成部分之一，吊顶的设计对于装修的整体质量和效果起到重要的作用。装配式吊顶的设计需要结合具体工程情况及具体材料选择，满足装配式装修现阶段绿色、节能、环保的发展理念。

3.3.1　造型及材料设计

吊顶的整体造型需要同整体的室内风格一致，并且与空间的功能相对应。

1. 客餐厅空间

住宅客餐厅吊顶设计中以边吊和平顶造型为主。边吊造型可遮挡暖通管线，且对层高基本无影响（图 3-13），平顶造型多用于无主灯设计的客餐厅（图 3-14）。材料选择上多以石膏板吊顶为主，也会使用蜂窝大板材料。

图 3-13　边吊吊顶

图 3-14　无主灯吊顶

2. 厨卫空间

厨卫多为平顶造型（图 3-15），将灯具及电器嵌入吊顶之中，简约大方且易于清洁。材料上通常使用铝扣板和金属板。

图 3-15　厨卫吊顶

3. 办公空间

办公空间多为集成吊顶或格栅吊顶，便于遮挡管线（图 3-16）。

4. 商业空间

商业空间指商场、会所等，造型及材料多变（图 3-17）。

3.3.2　空间尺度

吊顶需要结合吊顶的层高和整个空间的大小来设计。

图 3-16　办公空间吊顶

图 3-17　商业空间吊顶

普通住宅室内客餐厅等公共区域吊顶高度通常在 2.4～2.8m 较为合适，卧室高度不应低于 2.4m，卫生间高度通常为 2.2～2.4m，厨房的高度一般在 2.4m，太低会影响油烟机的安装和使用，具体高度需根据不同的房屋属性进行调整。

办公室层高通常为 2.6～3m。

3.3.3　示例

根据空间功能及风格，使用 CAD 软件绘制吊顶平面图，并标注高度（图 3-18）。

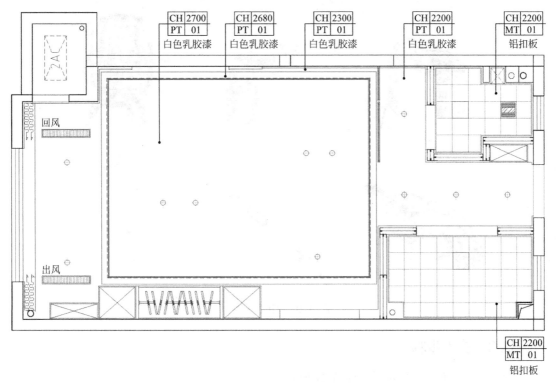

图 3-18　吊顶平面图

3.4　装配施工

3.4.1　施工材料

所使用的材料包括：龙骨及吊挂件、装配式石膏板、水电管线、腻子、灯具等（图 3-19）。

图 3-19　施工材料

3.4.2　施工工具

所使用的工具包括：冲击钻、电动螺丝刀、水平尺、梯子、墨斗、红外水平仪等（图 3-20）。

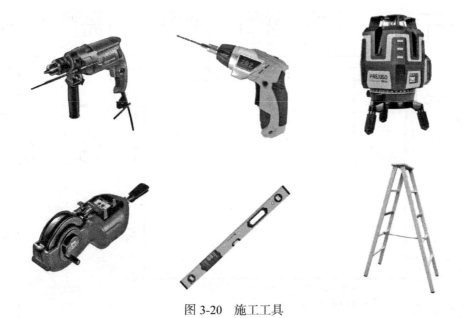

图 3-20　施工工具

3.4.3　施工步骤

装配式吊顶施工主要步骤如图 3-21 所示。

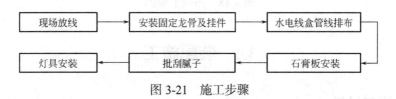

图 3-21　施工步骤

（1）根据图纸进行放线，标注出开关点位（图 3-22）。

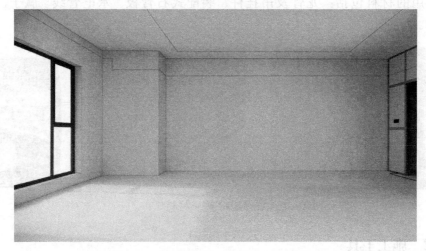

图 3-22　放线

（2）安装固定龙骨及挂件（图 3-23）。

图 3-23　龙骨安装

（3）点位及电气管线排布（图 3-24）。

图 3-24　点位及电气管线排布

（4）安装石膏板并进行固定（图 3-25）。

图 3-25　石膏板安装

（5）批刮腻子（图 3-26）。

图 3-26　批刮腻子

（6）灯具安装（图 3-27）。

图 3-27　灯具安装

3.5　质量验收

3.5.1　隐蔽工程验收

龙骨及灯具设备点位预留安装完成之后，需要进行隐蔽工程的验收。

1. 验收工具

验收工具为卷尺。

2. 验收内容

（1）吊杆和龙骨的材质、规格、安装间距及连接方式应符合设计要求。

（2）吊顶上的灯具、烟感器、喷淋头、风口等设备设施位置是否合理、美观。

3.5.2 安装质量验收

吊顶安装完成后，需要进行装配式装修墙面部品验收，参考现行标准《建筑装饰装修工程质量验收标准》GB 50210、《装配式内装修技术标准》JGJ/T 491 等进行验收。

1. 验收工具

验收工具为靠尺、塞尺、钢直角尺。

2. 验收规范

详见表 3-1。

吊顶安装的允许偏差和检验方法   表 3-1

项次	项目	允许偏差（mm）	检验方法
1	表面平整度	3	2m 靠尺和塞尺
2	接缝直线度	3	拉 5m 线（不足 5m 拉通线），用钢直角尺检查
3	接缝高低差	2	钢直角尺

3. 检验步骤

（1）将靠尺平放在被测表面上（确保靠尺的一边与表面接触，使其能够覆盖整个被测区域），将塞尺插入靠尺和表面之间的缝隙中（塞尺与表面以及靠尺之间的接触是轻微的，不要用力过度），检查并记录各个区域的平整度数据，表面平整度应小于等于 3mm。

（2）选择两个固定点，用一条拉线连接起来，通过测量拉线与钢管之间的距离来判断钢管是否为直线。

（3）将钢直角尺的一个边缘平放在一个边上，将塞尺插入缝隙中，高低差应小于等于 2mm。

练习与思考

一、填空题

1. 装配式吊顶由_____、_____和_____等部分组成。

2. 铝扣板以_____为基底，通过开料、剪角、模压制造而成，质地轻便耐用。

3. 蜂窝铝吊顶主要由_____和_____复合而成，该板材无须批嵌、粉刷、打磨，一次成型，无粉尘污染。

4. 装配式吊顶除了基础面板和吊挂件以外，常用的辅助模块有_____和_____。

5. 龙骨及灯具设备点位预留安装完成之后，需要先进行_____的验收。

二、选择题

1. 矿棉吸声板是一种高效节能的建筑材料，具有较好的（　　）。

A. 吸声性　　　　B. 防水性　　　　C. 性价比　　　　D. 可塑性

2. 装配式吊装施工中使用（　　）将龙骨连接在吊顶上。

A. 卡挂件　　　　B. 水平插件　　　　C. 吊件　　　　D. 膨胀螺丝

3. 普通住宅室内空间卫生间高度通常为（　　）。

A. 2.4～2.8m　　　B. 2.2～2.4m　　　C. 2.6m　　　　D. 2.6～3m

4. 在安装质量验收中，检验接缝高低差通常使用（　　）进行检验。

A. 靠尺　　　　　　　B. 塞尺　　　　　　　C. 红外水平仪　　　D. 钢直角尺

5. 装配式吊顶安装完成后平整度误差不应超过（　　）mm。

A. 5　　　　　　　　B. 4　　　　　　　　C. 3　　　　　　　D. 2

三、简答题

1. 简述装配式吊顶优势。

2. 简述客餐厅吊顶设计原理。

3. 简述装配式吊顶安装步骤。

4. 简述隐蔽工程验收内容。

5. 简述安装质量验收注意事项。

第 4 章　装配式架空地面

本章主要介绍装配式架空地面相关架空地板、集成设计、装配施工及质量验收，对装配式架空地面做系统且全面的介绍（图 4-1）。

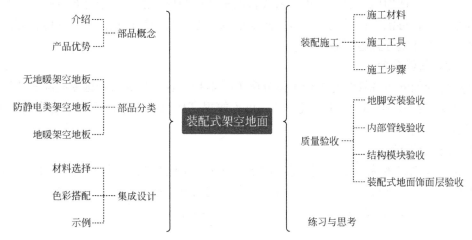

图 4-1　第 4 章章节框架

4.1　部品概念

4.1.1　介绍

装配式架空地面（图 4-2）由连接调平件、地板基层、防潮层和装饰面组成，是采用工厂生产部件、现场干式工法施工操作的集成化地板产品。适用于民用建筑与工业建筑各个功能区域地面设计与施工。

图 4-2　装配式架空地面

装配式架空地面通过连接调平件将基层与受力地板连接，调平件通过螺栓与结构层相连，减少传统瓷砖地面湿式作业后出现空鼓的现象；调平件的设置使基层与架空水泥基板之间形成架空层，架空层内可敷设相应的管线，实现管线分离，方便后期的维修，提高了建筑整体的使用时间。架空地面使用干法将各个组件相连接，安装方便，在地板与墙面的连接处设置检修点，方便对管线的检修。

4.1.2　产品优势

1. 施工便捷

装配式架空地面施工快捷简单，需要将调平件按照放线点位图进行布置固定，并逐一进行调平校正，再依次铺设地板、基层防潮层以及地面装饰层；整体施工环境较湿法施工周期短、施工环境好且施工简单。

2. 实现管线分离

架空地板能够实现管线与结构主体分离（图4-3）。这一形式符合国家装配式建筑评价要求，确保装配式架空地板和管线分离，可大幅提高楼盘装配率，后期方便管线的维修，提高建筑整体使用效果。

3. 更安全灵活

湿式地面系统的完成面高度大多为7.5～8cm，而干式地面系统是可调整的，能够根据施工现场的情况进行调整，其调整的范围为5～20cm（图4-4），调节范围变大，干式架空地面的市场范围也就随之变大，可适用于工民建各种建筑。

图4-3　管线分离

图4-4　使用支撑器调整

4.2　部品分类

装配式架空地面可分为无地暖架空地板、防静电类架空地板、地暖架空地板。实际使用中可根据不同的使用场景需求，选择相对应的产品。

4.2.1　无地暖架空地板

无地暖架空地板主要包括连接件、基层、防潮层以及装饰面层。

1. 连接件

连接件（图 4-5）通过地脚螺栓与结构层相连，通过调节螺栓与调节板完成架空地板基层高度的调节，使用压盘、定位螺栓孔以及第一支撑板将基层地板牢牢固定。

图 4-5　连接件

2. 基层

无地暖架空地板的基层（图 4-6）使用的材料主要为无机类材质：硫酸钙板、硅酸钙板、GRC 轻质混凝土板以及 UHPC 超高性能混凝土板。无机类的基层地板是整个装配式地板体系中主流的基层材料，其具有强度高、抗冲击、抗风化、耐磨、耐刻划等卓越特性，广泛应用于各类建筑的墙面装饰、吊顶等部位，应用效果较好，是理想的地板基层材料。

图 4-6　基层板

3. 防潮层

基层上的防潮层（图 4-7），一般采用铺设防潮膜或保温板的方式来隔离地面的潮气。

4. 装饰面层

无地暖架空地面的装饰面层主要有实木地板面层、实木复合地板面层、竹地板面层、软木地板面层、SPC 石塑地板面层以及干法铺贴专用瓷砖面层（图 4-8）。实木地板、实木复合、竹地板以及软木地板面层的防水性能较差，在日常打理时，不可长时间接触水，以免出现质量问题。SPC 石塑地板表面的耐磨层具有特殊的防滑性能，故而具有遇水变涩的特性，同时防水防潮能力也堪称一流，只要不是长期被水浸泡就不会受损，基于这一特性，SPC 石塑地板的使用较为广泛。

图 4-7　地板防潮层

图 4-8　饰面安装

4.2.2　防静电类架空地板

防静电类架空地板板体铺设在连接件上，确定牢固稳定之后，使用者便可在上面行走（图 4-9）。其板体大多是使用全钢外壳结构，其中以优质水泥填充；此类地板表面使用 HPL 或 PVC、陶瓷等绝缘材质贴面，达到了防静电的效果；底面采用拉伸板，四周铺设导电条，支座使用钢板模压成型，丝杆高度可任意调节，横梁选用方管制作。防静电类架空地板因为其特殊的结构，被广泛地应用于计算机中心、通信中心、数

图 4-9　防静电类架空地板

据中心、广播电视发射中心、电力控制调度中心、微波通信站、卫星地面站、移动通信等各类专业机房，计算机、通信、电子、光学设备生产车间等区域，使用功能区域大多是与计算机领域相关的办公区域，针对性较强，一般的

公共建筑与民用住宅则使用得较少。

4.2.3　地暖架空地板

地暖架空地板的基本结构与无地暖架空地板相似，但多了一层地暖层，地暖的种类有水地暖和电地暖。

1.　水地暖

水地暖的安装和施工通常使用装配式干式地暖模块（图 4-10），在架空地板基层板上预留好水暖管线的槽口，不破坏主体，无须现场开槽，安装速度快，全程干法施工，方便拆换。

图 4-10　装配式水地暖安装

2.　电地暖

电地暖系统由发热模块、专用温控器、保温层、反射膜、钢丝网以及卡钉等材料组成。电地暖发热模块的种类很多，有电地热膜，碳纤维、碳晶、石墨烯电热膜，发热电缆等，其中市面上使用较多的是电地热膜、石墨烯电热膜和发热电缆，直接铺设在架空地板基层上。

（1）电地热膜

电地热膜（图 4-11）是一种通电后能发热的透明薄膜，是由可导电的特制油墨、金属载流条经印刷、热压在两层绝缘酯薄膜间制成的一种特殊加热元件，因为其发热较快，相对来说，能够节电。电地热膜具有节能、节水、无污染的优点，在使用过程中安全可靠，使用寿命长、体积小，无层高负担，施工简单便捷，省时又经济。

相对地，这种方式也有缺点。电地热膜铺设在瓷砖下方，容易破损，在电压不稳的时候，容易出现电压击穿的现象，从而导致电地热膜失效；同时，施工时期的不均匀铺设会造成局部温度叠加，出现局部发热严重的现象。

图 4-11　电地热膜

（2）碳晶电热膜

碳晶电热膜（图 4-12）产品采用纳米半导体碳晶高科技材料，电热转换率达 98%，是目前转换率最高的发热材料之一。系统在发电状态下通过碳分子的布朗导热运动，产生大量的红外线辐射进行制暖。

图 4-12　碳晶电热膜

碳晶电热膜具有优越的升温效率以及高效的热转换效果，能够快速达到所需采暖温度，但是也因为其在使用过程局部温差较大，存在起鼓的风险，故障率较高，更换成本较大，所以市面上使用得较少。

（3）石墨烯地暖

石墨烯地暖（图 4-13）是一种电热膜，发热材料中加入石墨烯的地暖产品。这类产品超薄，厚度一般控制在 1～2cm，热转换率高、耗电量少、不易发生构件故障、可重复使用、使用寿命超过 50 年，易于干法施工。但是石墨烯地暖缺乏生产标准，产品的稳定性未经过验证，存在一定的使用风险，在使用石墨烯地暖的过程中，需留意施工质量，防止后续出现质量问题。

图 4-13 石墨烯地暖产品与产品铺设

4.3 集成设计

4.3.1 材料选择

应根据空间属性、室内装修风格来选择合适的饰面材料。例如，办公区域多选用静音效果较好且易于更换的块毯（图 4-14）。

图 4-14 办公空间地面

商场等公共区域通常使用便于清洁且明亮的瓷砖或者石材（图 4-15）。

家装室内厨卫多使用砖类材质，卧室书房等休息空间多使用木地板等（图 4-16）。

图 4-15　公共区域地面

图 4-16　住宅地面铺装

4.3.2　色彩搭配

地板的颜色和纹理的选择需要根据空间属性确定，并与其他主材的颜色和纹理相协调（图 4-17）。空间内部整体色调为暖色，则地面饰面整体也应以相应的暖色调为主；空间内部整体风格为素雅简约风格，则在饰面色调的选择上应以相应的素雅简约风格为主，如高级灰色或白色等。

4.3.3　示例

根据空间功能选择合适的地铺材料，使用 CAD 软件绘制地坪铺装图（图 4-18）。

图 4-17　材料样板

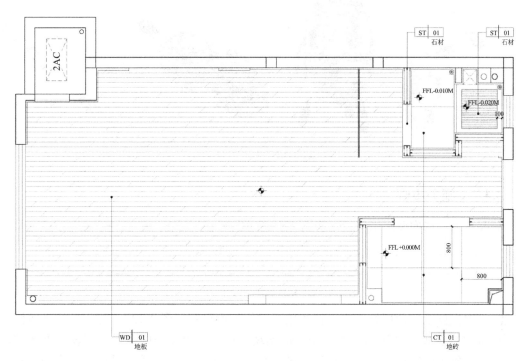

图 4-18　地坪铺装图

4.4　装配施工

4.4.1　施工材料

施工主要材料需要严格按照设计图纸准备，包括支撑件、架空基层板等模块及配件（图 4-19）。施工前需要仔细核对图纸，复核材料型号、颜色、尺寸是否与图纸相符。

图 4-19　施工材料

4.4.2　施工工具

所使用的工具包括：墨斗、红外水平仪、水平尺、电动螺丝刀等（图 4-20）。

图 4-20　施工工具

4.4.3　施工步骤

装配式架空地面施工主要步骤如图 4-21 所示。

图 4-21　施工步骤

（1）根据图纸，使用红外水平仪和墨斗进行地面放线（图 4-22）。施工放线是将设计图纸准确放样至施工现场的重要工作，依据现场放线结果印证施工现场与设计方案的匹配，可以在施工前发现设计图纸与施工现场不符合之处，并根据实际情况针对性地调整相关尺寸和施工方案，为现场施工提供准确的施工指导，通过施工放线还可以获取现场的精准尺寸数据源。确认各部品特别是定制类非标准部品的准确规格尺寸和数量，并与现场部品尺寸及规格一一确认。

图 4-22　地面放线

（2）安装支撑脚（图 4-23），并使用红外水平仪进行调整：一是对支撑脚的放置点进行调整；二是按照设计标高对支撑脚的高程进行调整，保证在地板铺设时，面板在同一水平面上。

（3）铺设基层板，保证每一块基层板放置在地板支撑件上（图 4-24）。安装完成后，使用水平靠尺检验水平度，合格后方可进行下一步施工。

图 4-23　安装支撑脚

图 4-24　铺设基层板

（4）铺设地板面层（图 4-25），若地板结构包含地暖，须确认饰面层是否适合发热的工况使用。

图 4-25　铺设地板面层

4.5 质量验收

架空地板完成后，需要进行施工验收，参考现行标准《建筑装饰装修工程质量验收标准》GB 50210、《装配式内装修技术标准》JGJ/T 491 等进行验收。

4.5.1 地脚安装验收

1．材料验收

支撑脚材质应符合设计要求，具有防火、防腐性能。

检验方法：查看检测报告。

2．安装验收

支撑脚应按照设计要求的位置进行布设，间距允许偏差为 ±5mm。

检测方法：目测检查、尺量检查。

4.5.2 内部管线验收

架空地板如安装地暖，则需要在管线安装完成后进行管线验收。

4.5.3 结构模块验收

1．标高验收

地面架空标高尺寸应符合设计要求，高度允许偏差为 ±5mm。

检验方法：尺量检查。

2．安装验收

地板模块与支撑脚连接牢固、无松动。

检验方法：目测检查、手扳检查。

3.外观验收

地暖模块应该排列整齐、接缝均匀、周边顺直。

检验方法：目测检查。

4.5.4 装配式地面饰面层验收

地面安装完成后，需要进行装配式装修地面部品验收。

1．验收工具

验收工具为靠尺、塞尺、钢直角尺。

2．验收规范

见表 4-1。

地板安装的允许偏差和检验方法　　　　　　　　　　　　表 4-1

项次	项目	允许偏差（mm）	检查方法
1	表面平整度	2	2m 靠尺和塞尺
2	板面拼缝平直	3	拉 5m 线（不足 5m 拉通线），用钢直角尺检查
3	相邻板材高差	0.5	塞尺

项次	项目	允许偏差（mm）	检查方法
4	踢脚线与面层接缝	1	塞尺

3. 检验步骤

（1）将靠尺平放在被测表面上（确保靠尺的一边与表面接触，使其能够覆盖整个被测区域），将塞尺插入靠尺和表面之间的缝隙中（塞尺与表面以及靠尺之间的接触是轻微的，不要用力过度），检查并记录各个区域的平整度数据，表面平整度应小于等于2mm。

（2）选择两个固定点，用一条拉线连接起来，通过测量拉线与板缝之间的距离来判断板缝是否为直线。

（3）将钢直角尺的一个边缘平放在一个边上，将塞尺插入缝隙中，高低差应小于等于0.5mm。

（4）将塞尺塞入踢脚线和面层缝隙，间隙应小于等于1mm。

练习与思考

一、填空题

1. 装配式架空地面是由连接杆件、受力地板、防潮层以及装饰面层组成，采用_____工法，工厂生产、现场组合安装而成的集成化地板产品。

2. 架空地板能够实现_____与_____分离，符合国家装配式建筑评价要求，确保装配式架空地板和管线分离的得分，大幅提高楼盘装配率。

3. 无地暖架空地板主要包括_____、_____、_____以及_____。

4. 地暖架空地板可分为_____和_____。

5. 在施工过程中，通常使用_____和_____进行放线。

二、选择题

1. 干式地面系统能够根据施工现场的情况调整完成面高度，其调整范围在（　　　）。

A. 7～8cm B. 5～10cm

C. 5～20cm D. 10～20cm

2. 防静电类架空地板多用于（　　　）。

A. 商场 B. 机房 C. 客厅 D. 办公室

3. 商场等公共区域地面多使用（　　　）。

A. 地砖 B. 地板 C. 地毯 D. 微水泥

4. 架空地板施工第一步为（　　　）。

A. 地面放线 B. 安装支撑件

C. 铺装排版 D. 图纸绘制

5. 架空地板验收时相邻板材允许偏差为（　　　）mm。

A. 2 B. 1.5 C. 1 D. 0.5

三、简答题

1. 简述装配式架空地面的三大优势。

2. 列举 1～2 种架空地板基层材料。
3. 列举市面上使用较多的电地暖的种类。
4. 简述地面材料选择原则。
5. 简述装配式架空地面施工安装过程。

第5章 集成门窗

本章主要介绍集成门窗部品概念和分类、集成设计、装配施工及质量验收等，对集成门窗做系统且全面的介绍（图5-1）。

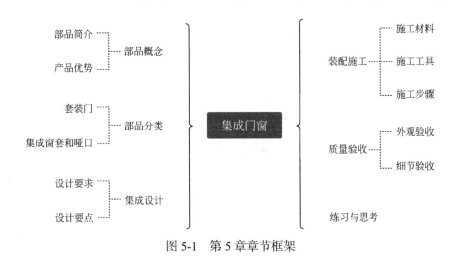

图 5-1 第 5 章章节框架

5.1 部品概念

5.1.1 部品简介

集成门窗通常包括门扇、门框、五金配件等多个组件，这些组件在工厂内完成组装和调试。它们可以根据具体项目的要求进行定制，包括尺寸、颜色、材料等方面的个性化选择。集成门窗在出厂前经过严格的质量控制和测试，确保在到施工现场后能够迅速、准确地安装。

5.1.2 产品优势

1. 快速安装

由于在工厂内进行了预装和预调试，集成门窗在施工现场安装快速，有助于缩短整体的工程周期。

2. 质量控制

在工厂内进行的质量控制和测试，确保了集成门窗的质量和性能达到相应的标准。

5.2 部品分类

集成门窗可以大致分为套装门、集成窗套和哑口三大类，可以满足室内任意空间过渡的功能，作为集成墙面的收口。

5.2.1 套装门

套装门（图 5-2）由门扇、门套及五金组成，工厂生产预留锁孔，减少现场测量开孔的不确定性，按门洞尺寸进行定制加工。

主要分为平开门和推拉门，根据具体的室内风格可以选择不同的材质。

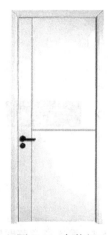

图 5-2 套装门

5.2.2 集成窗套和哑口

集成窗套分为窗套和窗台板两部分（图 5-3）。窗套和哑口套主要用作装配式墙面和洞口的收口。

图 5-3 集成窗套和哑口

5.3　集成设计

5.3.1　设计要求

套装门、集成窗套和哑口的设计均为室内空间中洞口的收口处理，在设计上应满足以下要求：

1. 风格匹配

门窗设计风格应当与整体室内风格相协调（图 5-4），保证整体视觉效果统一。

图 5-4　不同样式的套装门

2. 功能合理

满足合理的尺度，结合室内其他区域功能布置确定最优的开启方向和方式。

3. 透明度和隐私性

针对不同空间选择不同的材质，如公共空间可选择玻璃等材质增加空间通透性，而私密空间则需要选择不透明的材质保证隐私。

5.3.2　设计要点

在计算门窗套的尺寸时，应当结合洞口尺寸，门窗套宽度应比墙体及墙板完成面宽 1～2mm，窗套两侧应大于洞口各 20mm，覆盖住集成墙板边缘。

5.4　装配施工

5.4.1　施工材料

所使用的材料包括：门、门套。

5.4.2　施工工具

所使用的工具包括：发泡剂、钉枪、电动螺丝刀、水平仪、靠尺等（图 5-5）。

图 5-5　施工工具

5.4.3　施工步骤

套装门施工主要步骤如图 5-6 所示。

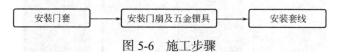

图 5-6　施工步骤

（1）安装门套，调节水平和垂直度并填充发泡胶固定（图 5-7）。

图 5-7　门套安装固定

（2）安装门扇并固定，安装五金锁具（图 5-8）。

图 5-8　安装门扇及五金锁具

（3）安装套线（图5-9）。

图 5-9　套线安装固定

5.5　质量验收

门窗安装完成后，需要进行集成门窗部品验收，参考现行标准《建筑装饰装修工程质量验收标准》GB 50210、《装配式内装修技术标准》JGJ/T 491 等进行验收。

5.5.1　外观验收

检查是否与选择型号及设计开启方向一致，外观应洁净，不得有划痕和锤印等；检查木门窗与墙体缝隙是否填嵌饱满。

5.5.2　细节验收

细节验收须检查门窗框垂直度、接缝高低差等，门窗安装的留缝限值、允许偏差和检验方法，见表5-1。

<table>
<tr><td colspan="5">门窗安装的留缝限值、允许偏差和检验方法　　　　　　　　　　　　表 5-1</td></tr>
<tr><td>项次</td><td>项目</td><td>留缝限值（mm）</td><td>允许偏差（mm）</td><td>检验方法</td></tr>
<tr><td>1</td><td>门窗框正面、侧面垂直度</td><td>—</td><td>2</td><td>用 1m 垂直检测尺检查</td></tr>
<tr><td>2</td><td>框与扇接缝高低差</td><td rowspan="2">—</td><td rowspan="2">1</td><td rowspan="7">用塞尺检查</td></tr>
<tr><td>3</td><td>扇与扇接缝高低差</td></tr>
<tr><td>4</td><td>门窗对口缝</td><td>1～4</td><td>—</td></tr>
<tr><td>5</td><td>门窗扇与上框间留缝</td><td>1～3</td><td>—</td></tr>
<tr><td>6</td><td>门窗扇与合页侧框留缝</td><td>1～3</td><td>—</td></tr>
<tr><td>7</td><td>门扇与下框间留缝</td><td>3～5</td><td>—</td></tr>
<tr><td>8</td><td>窗扇与下框间留缝</td><td>1～3</td><td>—</td></tr>
</table>

练习与思考

一、填空题

1. 集成门窗可以大致分为_____、_____和_____三大类。

2. 集成门窗在工厂生产完后，会进行_____和_____，有利于缩短整体的工程周期。

3. 集成窗套分为_____和_____两部分。

4. 安装完成后，在外观验收中，须检查_____和_____是否一致。

5. 套装门主要分为_____和_____。

二、选择题

1. 窗套和哑口套在功能上主要起到（　　）作用。

A. 收口　　　　　　B. 美观　　　　　　C. 防潮　　　　　　D. 防开裂

2. 在计算门窗套尺寸时，应结合洞口尺寸，门窗套宽度应该比墙体及墙板完成面宽1~2mm，窗套两侧应大于洞口各（　　）mm左右，覆盖住墙板边缘。

A. 10　　　　　　　B. 20　　　　　　　C. 30　　　　　　　D. 40

3. 安装门套时，门套板调整完需要在缝隙中填充（　　）固定。

A. 发泡胶　　　　　B. 结构胶　　　　　C. 隔声棉　　　　　D. 隔热棉

4. 套装门安装过程中，最后安装的部件是（　　）。

A. 锁具　　　　　　B. 门扇　　　　　　C. 套线　　　　　　D. 套板

5. 门窗套验收时留缝大小应选用（　　）检验。

A. 垂直检测尺　　　B. 塞尺　　　　　　C. 水平尺　　　　　D. 直角尺

三、简答题

1. 简述集成门窗产品优势。

2. 简述门窗套设计要点。

3. 简述门窗套的施工步骤。

4. 简述集成门窗设计要求。

5. 简述集成门窗验收的注意事项。

第 6 章　集成厨房

本章主要介绍集成厨房相关部品、集成设计、装配施工及质量验收等，对集成厨房做系统且全面的介绍（图 6-1）。

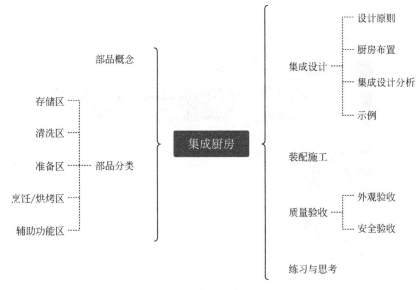

图 6-1　第 6 章章节框架

6.1　部品概念

集成厨房是在住宅建筑设计阶段综合考虑使用者的需求，在遵循厨房操作流程以及相关标准的基础上，将厨房家具、厨房设备、厨房设施与住宅建筑的厨房空间相集成，并综合考虑将设备管线统一协调，避免各专业之间的相互影响和矛盾，从而拥有更加合理、更加科学的布局，并且实现工业化流程生产和现场装配式安装（图 6-2）。

传统厨房设计与住宅设计和室内设计相脱离，将组成厨房的各个部分分开独立考虑，简单拼凑而成。集成厨房在设计流

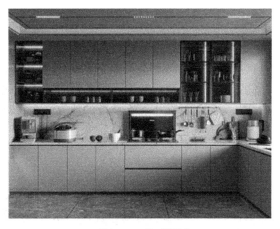

图 6-2　集成厨房

程与施工模式上与传统厨房设计相区别，基本上是一个集成的过程，以部品的标准化设计为基础，考虑部品与部品、部品与建筑之间的模数协调，其最终目的是实现住宅工业化。

6.2 部品分类

合理的厨房设计以厨房烹饪流程为核心，将厨房区域细分为 5 个具体的功能区域（图 6-3），分别为：存储区（食品备用区、厨具存放区）、清洗区、准备区和烹饪 / 烘烤区及辅助功能区。

图 6-3　厨房功能分区

6.2.1 存储区

存储区是存放食物和餐具的地方（图 6-4）。冰箱是存储区最主要的设备，储存生鲜和熟食。其次是存放各类餐具的橱柜，如抽屉、拉篮等，存放餐具、杯具、烹饪小工具等。存储区所放置的物品较多、种类较多，因此建议采用高柜设计，将不常用或拿取频率不高的物品分区设计在不那么易取的地方，而餐具等小件使用较频繁，功能分区应设计在下柜较方便拿取的位置。

6.2.2 清洗区

清洗区（图 6-5）主要是指用于清洗蔬菜、餐具的水槽及洗碗机。在该区域的下柜中最适合摆放的是垃圾装置和各种洗涤用品。收纳物品包括垃圾容器、洗涤用具、垃圾袋、餐具袋、购物袋等。

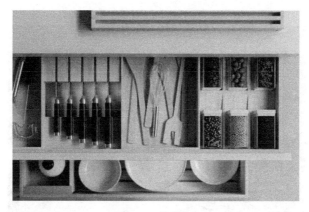

图 6-4　存储区

图 6-5　清洗区

6.2.3　准备区

准备区是厨房的主要操作区（图 6-6），应提供足够的空间用于厨房的准备工作。收纳物品包括烹饪用具，砧板，小电器，醋、油、酱等调味品，烹饪用锅碗瓢盆等。

6.2.4　烹饪 / 烘烤区

烹饪 / 烘烤区是厨房的核心，承担主要烹饪任务（图 6-7）。目前有中西分厨的发展趋势，将油烟大的中式操作空间与排烟少的西式操作空间分离，保证厨房整洁以及完成中式烹饪的操作，实现中西式操作方式的分离。该区内放置了用于烹饪和烘烤的物品，如深底锅、平底锅和其他烹饪用具。收纳物品包括常用的烹饪用具、深底锅、平底锅、烘烤辅助工具以及食物烹饪配料、抹布等辅助工具。

图 6-6　准备区

图 6-7　烹饪区

6.2.5　辅助功能区

随着厨房功能的完善和细化，逐渐增加了一些新的功能分区：就餐区、娱乐区、展示区、饮料酒水区、办公区、休息区、洗衣家务区、移动操作区等。

6.3　集成设计

6.3.1　设计原则

集成厨房的设计主要以提高用户日常厨房活动的连贯性和高效性为主要目的，最终改善用户的厨房整体体验，集成设计需要遵循以下原则。

1. 优化布局及立体化空间利用

厨房布局特别是功能布局进行合理规划，是其他设计的基础。通过对整个流程下行为动作、位置动线等的分析，简化多余的位置及动作，优化包括产品功能在内的功能布局及立体化空间利用。

下面针对适用于小面积L形厨房的功能布局进行分析：

1）确定清洗区、准备区和烹饪区的位置，清洗区单独一层靠厨房远端，从远到近依次为清洗区、准备区、烹饪区。

2）确定关键区域：烹饪区域及活动中心位置，来确定常用灶口偏准备区的位置，合理设置尺寸距离。

3）按使用习惯安排特别的功能区位置，常用灶口与准备区相邻，常用调味料区在中心位置偏右手边。

4）充分利用中层空间，设置中层置物台。

5）扩展常用灶口周围的置物性，便于烹饪时取用。

6）根据功能使用程度来安排功能位置，中心位置上下左右一臂距离的内圈为高频必要功能区域，左右移动一步一臂距离外圈为低频功能区域。通过对功能区域的布局优化和相应的距离设置，以及关键区域内产品功能布局及空间利用的再设计，使厨房的使用在位置便捷性和不同时间需求的便捷性上得到显著提高。

2. 提高操作使用连贯性

通过分析整个流程中的行为并提取关键行为，按照拿—洗—切配—炒—装盘的顺序，特别是对烹饪区行为相关的产品功能进行重新优化和整合，减少其中不必要的动作及操作，提高整体管控，不仅能最大化利用空间，也可以使用户的操作顺畅度和便捷度有显著提升。

3. 一体化的造型设计

厨房环境风格和产品造型的研究在厨房设计尤其是厨电产品设计中相当重要。用户对于厨房整体的风格及色彩的选择会影响相应的厨电产品尤其是集成灶外观的选择，需根据对应的室内风格选择相应的造型。

6.3.2 厨房布置

1. I形厨房

I形厨房（图6-8）是将所有的电器和柜子都沿一面墙放置，工作都在一条直线上进行。这种紧凑、有效的窄厨房设计，适合中、小户型或者同一时间只有一个人在厨房工作的住房。I形厨房可考虑增加高柜，最大限度地利用墙面空间。I形厨房功能模块较为集中紧凑，通常作为小户型的首要选择。

2. L形厨房

L形厨房（图6-9）是一款实用的厨房设计，也是最常见的厨房设计，是小空间的理想选择。以这种方式在两面相连的墙之间划分工作区域，就能获得理想的工作三角。炉灶、水槽、消毒柜以及冰箱，每个工作站之间都留有操作台面，防止溅洒和物品太过拥挤。

图 6-8 I 形厨房

图 6-9 L 形厨房

3. U 形厨房

U 形的厨房布局是改善户型的首选（图 6-10）。L 形布置使得在使用时可以方便取用每一件物品，可最大限度地利用空间进行烹饪和储物，两人可同时在厨房操作。但是 U 形厨房只适合空间大的厨房，可避免操作面交叉设置，两人能同时舒适地工作，不会相撞。两排相对的柜子之间需至少保持 1.2m 的间距，以确保有足够的空间。

图 6-10　U 形厨房

4. I 形厨房 + 中岛

　　中岛的布置使得厨房有更多的操作台面和储物空间，便于多人同时在厨房操作，多作为西厨功能，通常在大户型的设计中较常见（图 6-11）。这种厨房通常做开放式的厨房，在设计过程中需要注意中岛电路的布置。

图 6-11　I 形厨房 + 中岛

6.3.3 集成设计分析

整体厨房将厨房集成为一体，在具体的设计过程中将模块细分为4类：一级模块、二级模块、三级模块及收纳系统。

1. 一级模块

一级模块是指室内分区（图6-12），除了厨房模块之外还有起居室模块、餐厅模块、阳台模块、卧室模块、更衣室模块、卫生间模块等。集成厨房设计的第一步是根据厨房的空间大小及整体的风格选择合适的厨房布置形式（L形、U形等）。

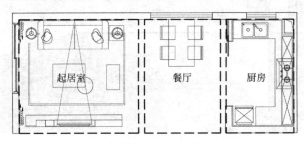

图 6-12　室内分区

2. 二级模块

二级模块是一级模块的组成部分，根据厨房的功能分为储存模块、洗涤模块、操作模块、烹饪模块及设备模块（图6-13）。

在确定了一级模块厨房布置的基础上，根据日常的操作烹饪顺序，在平面上摆放二级模块，常见的顺序为储物—洗涤—操作—烹饪。二级模块的摆放决定了厨房后期的操作动线是否合理，是否符合烹饪的操作流程。

   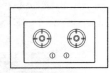

　储存模块　　　　　洗涤模块　　　　　操作模块　　　　　烹饪模块　　　　　设备模块

图 6-13　二级模块

3. 三级模块

三级模块是二级模块的组成部分，将每一部分功能模块都细分到具体的功能。地柜、吊柜、高柜、冰箱、抽屉、拉篮等组成储存模块，洗涤池、水龙头、地柜、台面组成洗涤模块，地柜、台面、消毒柜、吊柜组成操作模块，吸油烟机、灶具、地柜组成烹饪模块。

在确定了二级模块布置的基础上，将三级模块布置到合理的位置上。三级模块的布置和设计不仅仅要考虑平面布局，也需要考虑立面的设计，需要综合考虑整体风格，与室外其他空间风格相统一，与厨房内部整体风格相统一（图6-14）。

4. 收纳系统

厨房的收纳系统大致分为地柜收纳、台面收纳和吊柜收纳三大主要部分。收纳系统的设计需要根据厨房洗、切、炒三大功能，对应要用到的器具、材料、刀具等，按照使用动线，就近做好收纳和分配，做到随用随收，避免导致空间凌乱。

图 6-14　厨房整体设计

（1）地柜收纳

地柜内部需根据使用需求设计内部空间，如分隔板、可调节架子、储物篮和托盘，以优化柜子内部的储存空间，确保物品有序摆放。

（2）台面收纳

台面收纳首先需要保证充足的切菜区域，其余物品按照使用的频率大小顺次收纳摆放。

充分利用立面空间，将原本平面布置的东西利用挂钩进行悬挂，节省台面空间。

（2）吊柜收纳

吊柜多用来收纳不常用且重量轻的物品。

6.3.4　示例

根据图纸及设计原则使用 CAD 软件绘制厨房平面图、立面图及柜体图（图 6-15、图 6-16）。

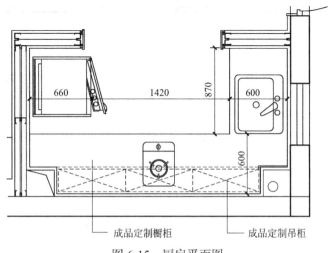

图 6-15　厨房平面图

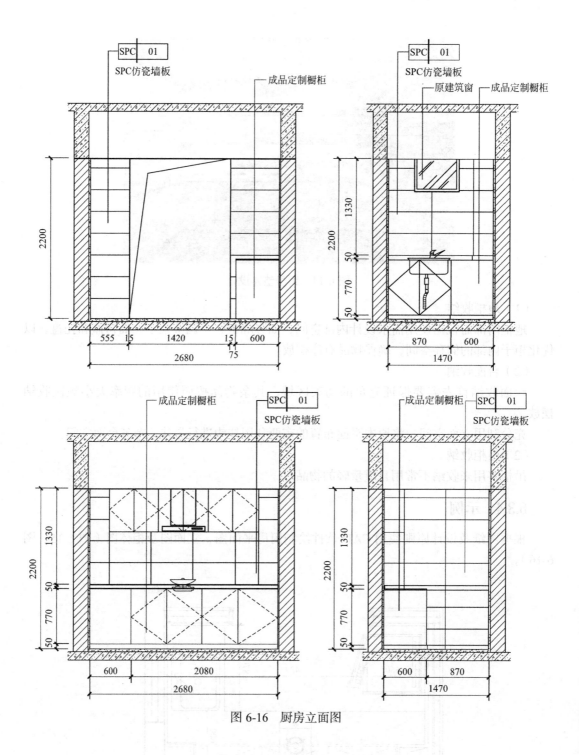

图 6-16　厨房立面图

6.4　装配施工

集成厨房产品装配过程中的每一个操作流程和质量要求，必须保证安装的结果符合整体设计要求。

集成厨房施工主要步骤如图 6-17 所示。

图 6-17　施工步骤

（1）根据设计方案，使用红外水平仪和墨斗进行放线（图 6-18）。

图 6-18　施工准备

（2）厨房水电管线排布，并进行隐蔽工程验收（图 6-19）。

图 6-19　水电管线排布

（3）装配式地面安装（图 6-20）。

图 6-20　装配式地面安装

（4）装配式墙面饰面板安装（图 6-21）。

图 6-21　装配式墙面饰面板安装

（5）集成吊顶安装（图 6-22）。

（6）橱柜及电器安装（图 6-23）。

图 6-22　集成吊顶安装

图 6-23　橱柜及电器安装

6.5　质量验收

集成厨房安装完成后，需要进行安装验收，参考现行标准《建筑装饰装修工程质量验收标准》GB 50210、《装配式内装修技术标准》JGJ/T 491 等进行验收。

6.5.1　外观验收

（1）集成厨房的功能、配置、布置形式、使用面积及空间尺寸、部品尺寸应符合设计要求和国家现行有关标准的规定。厨房门窗位置、尺寸和开启方式不应妨碍厨房设施、设备和家具的安装与使用。

检验方法：观察，尺量检查。

（2）集成厨房所用部品部件、橱柜、设施设备等的规格、型号、外观、颜色、性能、使用功能应符合设计要求和国家现行有关标准的规定。

检验方法：观察，手试，检查产品合格证书、进场验收记录和性能检验报告。

（3）集成厨房的给水排水、燃气、排烟、电器等预留接口，以及孔洞的数量、位置、尺寸应符合设计要求。

检验方法：观察，尺量检查，检查隐蔽工程验收记录和施工记录。

6.5.2　安全验收

（1）集成厨房安装应该牢固严密，不得松动；与轻质隔墙连接时应采取加强措施，满足厨房设施设备固定的荷载要求。

检验方法：观察，手试，检查隐蔽工程验收记录和施工记录。

（2）集成厨房的给水、燃气、排烟等管道接口和涉水部位连接处的密封应符合设计要求，不得有渗漏现象。

检验方法：观察，手试。

练习与思考

一、填空题

1. 集成厨房的核心是一个集成的过程，以_____为基础，考虑部品与部品、部品与建筑之间的模数协调，其最终的目的是实现住宅工业化。

2. 厨房以烹饪流程为核心将厨房区域细分为 5 个具体的功能区域，分别为：_____、_____、_____、_____及_____。

3. 在二级模块的设计摆放过程中，常见的顺序为_____。

4. 集成厨房的给水、燃气、排烟等管道接口和涉水部位连接处的密封应符合设计要求，不得有_____现象。

5. 厨房质量验收中的第一步骤_____，也是验收的关键步骤。

二、选择题

1. （　　）是贮备食物和餐具的地方，可细分为食品备用区和厨具存放区。

A．清洗区　　　　　B．存储区　　　　　C．准备区　　　　　D．烹饪区

2. 集成厨房的核心区域是（　　）。

A．清洗区　　　　　B．存储区　　　　　C．准备区　　　　　D．烹饪区

3. 厨房面积较小或是较为紧凑的空间布置，通常采用（　　），以营造清爽、通透的大空间感。

A．灰色调　　　　　B．浅色调　　　　　C．暖色调　　　　　D．深色调

4. 小户型或单身公寓，厨房布局通常采用（　　）布局，工作动线保持在同一条直线上，可以最大化地利用墙面空间。

A. I形   B. L形   C. U形   D. Ⅱ形

5. 在厨房设计过程中, ( ) 的设计过程需要着重考虑到立面的设计。

A. Ⅰ级模块   B. 二级模块   C. 三级模块   D. 四级模块

三、简答题

1. 简述集成厨房的主要功能区。

2. 简述集成厨房设计的主要模块。

3. 简述集成厨房的设计原则。

4. 简述集成厨房安装质量验收的主要步骤。

5. 简述集成厨房安全验收的主要内容。

第 7 章　集成卫生间

本章主要介绍集成卫生间相关部品、深化设计、装配施工及质量验收等，对集成卫生间做系统且全面的介绍（图 7-1）。

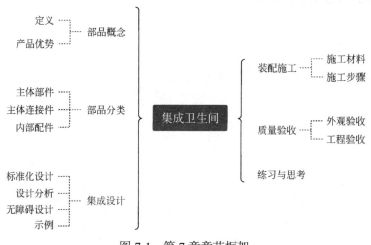

图 7-1　第 7 章章节框架

7.1　部品概念

7.1.1　定义

集成卫生间（图 7-2）是一种通过工厂预制和装配的方式，将卫生间的各种设施、设备和功能进行集成，然后在现场进行安装的系统。这种系统的核心理念是在工厂内完成各种卫生间元素的制造和组装，然后将整体或部分预制好的结构运送到现场进行安装，从而实现高效、快速、一体化的卫生间构建。

集成卫生间作为集成化程度最高的住宅部品之一，是独立结构，不与建筑的墙、地、顶面固定连接，适用于各种结构建筑。

图 7-2　集成卫生间

7.1.2 产品优势

1. 节能环保

减少污染，节约资源和能源，且大大地提高了材料利用率。传统卫生间装修采用现场湿作业，产生大量建筑垃圾；而采用装配式定制标准化，现场组装几乎没有建筑垃圾和污染，节能环保。

2. 生产效率高

传统卫生间装修受施工程序因素影响较大，各专业难以进行交叉施工；而集成卫生间现场拼装或整体吊装，作业进度快，一般一天内就可以完成施工。

3. 质量有保障

传统卫生间装修很大程度上受限于现场施工人员的技术水平和管理人员的管理能力，具有不可控性；而集成卫生间的结构配件在工厂标准化生产，产量和质量都有保障。

4. 人工成本低

集成卫生间部件均为工厂生产，在现场进行组合拼装，工序相较于传统施工更加简单，对操作工人的技术水平要求低，施工更加方便，人工成本远低于传统装修的人工成本。

7.2　部品分类

7.2.1　主体部件

集成卫生间主体部件主要包含：壁板、顶板、防水底盘和门等。

1. 防水底盘

集成卫生间使用防水底盘替代传统施工作业中的防水施工步骤。一体成型的防水底盘（图 7-3）可分为侧面排水防水底盘和下侧排水防水底盘两种，结合防水反沿和流水坡度设计，与装配式地坪契合，杜绝了传统卫生间渗漏的隐患。

下侧排水底盘适用于需同层排水建筑或抬高的施工现场，侧面排水底盘适用于所有施工场景。

图 7-3　防水底盘

2. 壁板

集成卫生间的壁板种类多样（图7-4），可选用瓷砖饰面、有机板饰面、水泥纤维饰面板等，种类及纹理丰富，可供业主个性化选择。

图7-4　壁板

3. 顶板

顶板通常采用一次模压成型的顶板（图7-5），上部有排风扇、检修系统、照明系统等，与普通吊顶相比完整性高，既简洁，又美观。

图7-5　顶板

4. 门

集成卫生间的门通常采用铝合金门或其他磨砂玻璃门，需要注意隐私设计，如果干湿分区明显，也可配置通常的木门。

7.2.2　主体连接件

主体连接包含壁板与壁板连接、壁板与底盘连接、壁板与顶板连接等。

集成卫生间的墙板通过将防水胶条内嵌于墙板的连接结构内，保证其密封性，并与连接龙骨紧密连接，保证墙板连接处及整体卫生间的水密性和气密性（图 7-6）。

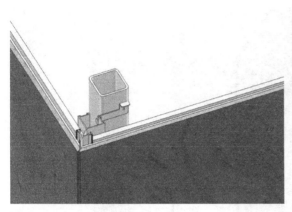

图 7-6　主体连接件

7.2.3　内部配件

集成卫生间的内部配件是指卫生间所需要的各种功能部件，分为盥洗区、洗浴区、马桶区及其他必要的配套电器及材料。

1. 盥洗区

盥洗区是指卫生间用于洗漱的区域，一般有台盆、浴室柜、龙头、化妆镜、毛巾架和置物架等（图 7-7）。

图 7-7　盥洗区

2. 洗浴区

洗浴区是指卫生间内用于洗浴的区域，一般包括浴缸和淋浴两种类型（图7-8）。

图 7-8　洗浴区

3. 马桶区

马桶区通常由坐便器、纸抽架等组成（图7-9）。

图 7-9　马桶区

4. 配套电器及材料

除了以上分区，还需要配备对应的灯具、插座、换气扇及暖气等设备，组成完整的卫生间。

7.3 集成设计

集成卫生间设计就是把空间的结构、部品作为一个整体进行一体化的设计，从设计构思、工厂预制生产到现场施工各个环节，紧密协作，无缝连接，其中涉及建筑结构、水电管线、机电设备、给水排水等各种专业工作人员的共同合作，其核心就是卫生间部品的集成化。

7.3.1 标准化设计

1. 平面布置

集成卫生间的平面布置应在满足不同功能需求的前提下，保证舒适合理的人体尺度，满足人在卫生间内的各种基本活动。

集成卫浴的平面布置主要分为三大步骤：首先，是模块化框架体系的系统设计，即对建筑预留、净空间预估等进行熟悉和评估；其次，在有限的空间内部将模块化功能进行位置的划分和排布；最后，对功能模块进行具体的设计，匹配现场的环境。

2. 功能分区

根据卫生间的功能，按模块化的方法对其进行划分，可分为六大功能模块：马桶模块、盥洗模块、洗浴模块、洗衣模块、设备模块及出入模块（图7-10）。

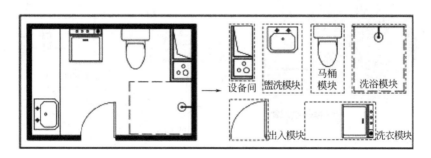

图 7-10 六大功能模块

7.3.2 设计分析

集成卫生间根据其功能与布局方式可分为：单功能型、集中型、组合型。

1. 单功能型

单功能型是指仅满足一项使用需求的集成卫生间（图7-11）。

马桶区集成卫生间是指仅满足排泄这一功能的集成卫生间，会配有小的洗手池。洗浴型集成卫生间指仅满足洗浴这一功能的集成卫生间，通常有淋浴、盆浴或两种组合的形式。

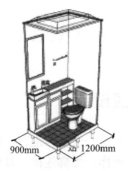

图 7-11　单功能型集成卫生间

2. 集中型

集中型集成卫生间是指将盥洗、马桶、洗浴功能及设备集中于一室布置，功能区之间没有明确的分隔（可用浴帘轻度区分干区和湿区）。集中型集成卫生间布局紧凑、占地面积小、经济节约、管线布置简单，但不可多人同时使用。

集中型集成卫生间的平面布局方式常见有 L 形、一字形两种，也有 U 形的布局形式，因管线占用较多，空间使集成卫生间内有效使用面积减少，所以较少采用。

（1）L 形

L 形卫生间指集成卫生间内的洁具在相邻的两面墙上布置，适合小空间的卫生间布置（图 7-12）。

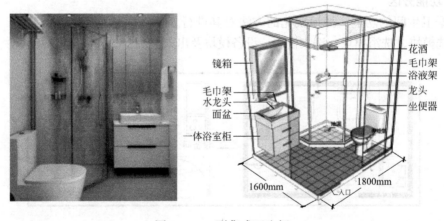

图 7-12　L 形集成卫生间

（2）一字形

一字形集成卫生间是所有洁具布置在同一面墙上，其平面特点为长短边尺寸相差较大，通常洗浴功能区与其他功能区采用玻璃隔断分离或用浴帘做简单的干湿分离（图 7-13）。

3. 组合型

组合型集成卫生间是将各个功能空间分室设计，形成"2+1"型（二分离）、"1+1+1"型（三分离）的集成卫生间，各功能部件在工厂分模块制作，到现场组装。

组合型集成卫生间可满足多人同时使用的要求，减少人员之间相互干扰，提高卫生间使用效率，但占地面积大，适用于中大户型和家庭人数较多的家庭。

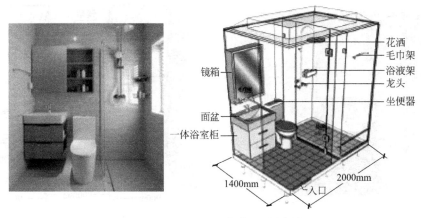

镜箱
面盆
一体浴室柜

花洒
毛巾架
浴液架
龙头
坐便器

1400mm
2000mm
入口

图 7-13　一字形集成卫生间

（1）"2+1"型

即二分离式，通常是将马桶、洗浴功能制作为一体化的盒子产品，再和一体化浴室柜组合而形成的集成卫生间，可以满足两人同时使用（图7-14）。

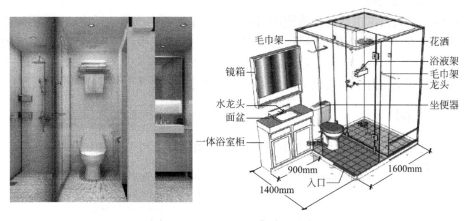

毛巾架
镜箱
水龙头
面盆
一体浴室柜

花洒
浴液架
毛巾架
龙头
坐便器

900mm
1600mm
入口
1400mm

图 7-14　"2+1"型集成卫生间

（2）"1+1+1"型

即三分离式，将马桶、盥洗、洗浴三大基本功能完全分离，马桶和洗浴功能各形成完整的盒子卫生间结构，再和一体化浴室柜组合形成集成卫生间。三者组合形式多样，可相互连接，也可以各自完全独立（图7-15）。

7.3.3　无障碍设计

无障碍卫生间是指专门为老年人、残疾人和行动不便的人设计和建造的卫生间，为他们提供更容易进入和使用的环境，提供更好的安全性和舒适性。无障碍卫生间设计通常遵循以下原则：

1. 宽敞的空间

确保卫生间内部有足够的空间，以容纳轮椅或行动不便的人士。面积不应小于4㎡，内部留有直径不小于1.5m的轮椅回转空间，门通行净宽应不小于0.8m。

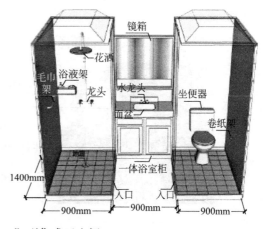

图 7-15　"1+1+1"型集成卫生间

2. 安全的环境

确保照明良好，入口无门槛或有一个极低的门槛，方便轮椅进入，降低了跌倒的风险，提高可访问性。考虑到安全性，多使用防滑地板、地砖，并设置紧急呼叫装置。

3. 易于操作的设施

无障碍卫生间需考虑所有设施使用的便利性。坐便器高度应该适中，减轻用户站起和坐下的困难。在坐便器和淋浴间等关键位置安装坚固的扶手和抓握装置，以帮助用户站起、坐下和移动。这些装置提供额外的支持和安全性。水龙头和控制装置的设计应该简单易用，即使手部功能有限的人也可以方便操作。多使用单把手水龙头。

7.3.4　示例

根据图纸及设计原则使用 CAD 软件布置卫生间平面图和立面图（图 7-16、图 7-17）。

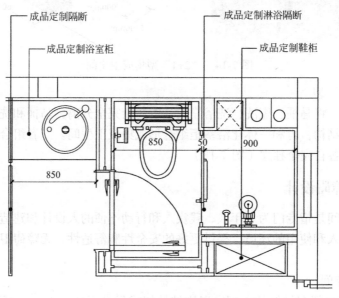

图 7-16　卫生间平面图

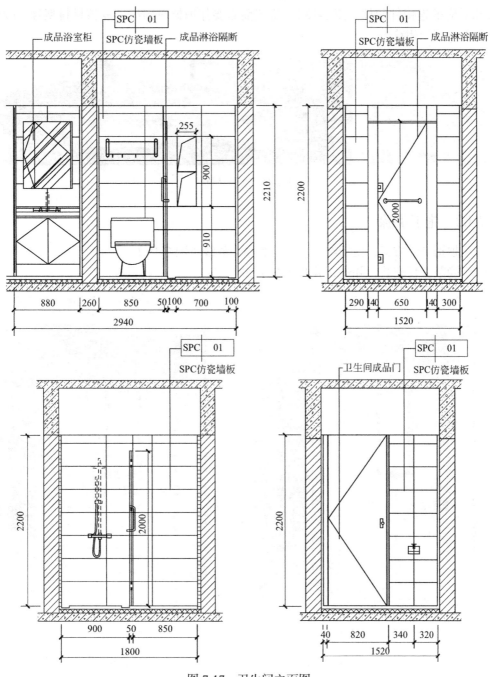

图 7-17　卫生间立面图

7.4　装配施工

7.4.1　施工材料

施工材料需要严格按照设计图纸要求准备，包括防水底盘、壁板、顶板、门等主体部件及相对应的连接件配件（图 7-18）。施工前需要仔细核对图纸，复核材料型号、颜色、尺寸是否与图纸相符。

图 7-18　施工材料

7.4.2　施工步骤

（1）根据设计方案，使用红外水平仪和墨斗放线（图 7-19）。
（2）隐蔽工程安装，并进行验收（图 7-20）。

图 7-19　施工放线准备　　　　　　　　图 7-20　隐蔽工程安装

（3）防水底盘安装，先进行地面清理，预铺设确认尺寸，点位开孔无误后，地面打胶，铺设防水底盘并固定，连接同层排水系统点位，固定地漏（图 7-21）。

（4）安装墙板（图 7-22）。用卷尺测量好钻头的深度并标记，在弹好的固定线位点上用冲击钻开好孔，将调平件插入已开好孔内，利用卷尺或卡尺借助红外线将调平件调在同一水平位，将横向龙骨用螺母固定在调平件上。按照图纸安装完成后，使用靠尺检测平整度和垂直度，平整度误差需小于 2mm，垂直度误差需小于 3mm。将分线盒和配套管线安装在图纸设计位置，与图纸核对无误后用螺钉固定，按照设计将对应管线穿入，穿线完成后安装对应的功能模块。

图 7-21　防水底盘安装　　　　　　　　图 7-22　墙板安装

（5）安装吊顶板（图 7-23），将切割好的吊顶板与次龙骨固定，使用卡扣与主龙骨连接，将预留好的电线从点位抽出。

（6）安装洁具（图 7-24）。

图 7-23　安装吊顶板　　　　　　　　图 7-24　安装洁具

7.5 质量验收

集成卫生间安装完成后，需要进行安装验收，参考现行标准《建筑装饰装修工程质量验收标准》GB 50210、《装配式内装修技术标准》JGJ/T 491 等进行验收。

7.5.1 外观验收

（1）集成卫生间的功能、配置、布置形式及内部尺寸应符合设计要求和国家现行有关标准的规定。

检验方法：观察；尺量检查。

（2）集成卫生间工程所选用部品部件、洁具、设施设备等的规格、型号、外观、颜色、性能等应符合设计要求和国家现行有关标准的规定。

检验方法：观察；手试；检查产品合格证书、型式检验报告、产品说明书、安装说明书、进场验收记录和性能检验报告。

（3）集成卫生间的防水底盘安装位置应准确，与地漏孔、排污孔等预留孔洞位置对正，连接良好。

检验方法：观察。

（4）集成卫生间部品部件、设备安装的允许偏差和检验方法，见表 7-1。

集成卫生间部品部件、设备安装的允许偏差和检验方法　　　　　　表 7-1

项次	项目	允许偏差（mm）			检验方法
		防水盘	壁板	顶板	
1	内外设计标高差	2	—	—	用钢直尺检查
2	阴阳角方正	—	3	—	用 200mm 直角检测尺检查
3	立面垂直度	—	3	—	用 2m 垂直检测尺检查
4	表面平整度	—	3	3	用 2m 靠尺和塞尺检查
5	接缝高低差	—	1	1	用钢直尺和塞尺检查
6	接缝宽度	—	1	2	用钢直尺检查

7.5.2 工程验收

（1）集成卫生间的连接构造应符合设计要求，安装应牢固严密，不得松动。设备设施与轻质隔墙连接时应采取加强措施，满足荷载要求。

检验方法：观察；手试；检查隐蔽工程验收记录和施工记录。

（2）集成卫生间安装完成后应做满水和通水试验，满水后各连接件不渗不漏，通水试验给水排水通畅；各涉水部位连接处的密封应符合设计要求，不得有渗漏现象；地面坡向、坡度应正确，无积水。

检验方法：观察；尺量检查；检查隐蔽工程验收记录和施工记录。

（3）集成卫生间板材拼缝处应有密封防水处理。

检验方法：观察。

（4）集成卫生间的卫生器具排水配件应设存水弯，不得重叠存水。

检验方法：手试；观察检查。

练习与思考

一、填空题

1. 集成卫生间主体部件主要包含：_____、_____、_____和_____。

2. 集成卫生间中使用防水底盘替代传统施工作业中的_____步骤。

3. 一体成型的防水底盘可分为_____和_____两种。

4. 集成卫生间根据其功能与布局方式可分为：_____、_____、_____。

5. 专门为老年人、残疾人和行动不便的人设计和建造的卫生间叫作_____。

二、选择题

1. 装配式装修中，集成化程度最高的部品是（   ）。

A. 墙面 　　　　　　B. 地面 　　　　　　C. 卫生间 　　　　　　D. 厨房

2. 台盆通常位于卫生间的（   ）区域。

A. 盥洗区 　　　　　B. 洗浴区 　　　　　C. 马桶区 　　　　　D. 清洁区

3. 将所有洁具布置在同一面墙上的卫生间为（   ）卫生间。

A. 一字形 　　　　　B. L形 　　　　　　C. U形 　　　　　　D. 集中型

4. 无障碍卫生间面积不应小于（   ）m²。

A. 3 　　　　　　　B. 4 　　　　　　　C. 5 　　　　　　　D. 6

5. 空间较大的卫生间更适合选择（   ）布置。

A. 单功能型 　　　　B. L形 　　　　　　C. 一字形 　　　　　D. 组合型

三、简答题

1. 简述集成卫生间的优势。

2. 简述侧面排水防水底盘的优势。

3. 简述集成卫生间不同的功能与布局方式。

4. 简述集成卫生间无障碍设计内容。

5. 简述集成卫生间在安全验收中的注意事项。

第8章 案例讲解

本章主要通过装配式装修结合实际项目案例使学员学习装配式装修各系统的设计及安装相关内容，理论与实践结合，可以更好地提高学习效果，提高创新能力和职业能力。

在学习装配式装修的过程中涉及一些设计软件的学习，如 CAD、SketchUp 软件等。软件的熟练使用便于学员更好地掌握相关的专业知识和技能。

8.1 设计任务书

8.1.1 示例

梅花园别墅设计任务书

一、总则

1. 本文件为梅花园别墅室内设计指导性文件，用以指导设计单位完成本项目所在范围内的室内设计。

2. 该项目的定位，以及业主对项目的风格意向，提供设计方案，供业主参考。

二、项目概况

1. 名称：梅花园别墅项目

2. 别墅设计内容：

设计内容：室内设计。

整体室内设计意向：中式风格。

主要功能区域（具体布局以确定方案为准）：

一层：客餐厅、茶室、卫生间。

二层：书房、棋牌室、简餐厅、休息室。

三、设计要求

1. 室内设计与整体建筑风格有相应的呼应。

2. 室内设计应注重项目特点、项目整体定位风格，设计主题明确。

四、室内设计部分阶段说明

室内设计的服务分为 4 个阶段完成。

1. 概念规划。

2. 方案设计。

3. 施工图深化设计。

4. 审核深化。

8.1.2 设计要求解析

熟悉设计任务书，了解业主需求，进行现场考察，确认方案的具体需求，如风格、功能空间分布等。

本项目设计为中式风格，一层空间为客餐厅、茶室及卫生间，二层空间为书房、棋牌室、简餐厅和休息室。

8.2 方案设计

8.2.1 概念设计

确认设计需求后，进行概念设计提案制作，概念构思需要考虑建筑整体形式。本项目风格为中式风格，搜集对应空间相同风格的素材意向图片及元素意向作为参考，绘制大致的平面分区图（图 8-1）。

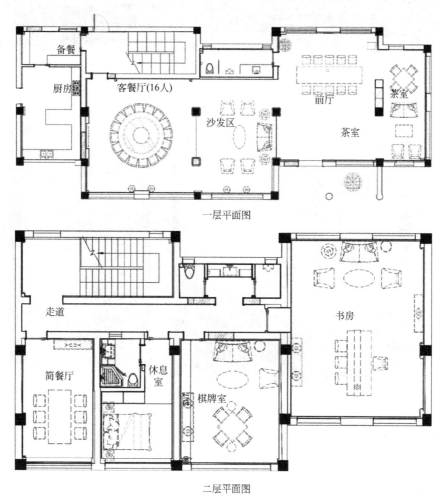

一层平面图

二层平面图

图 8-1 大致的平面分区图

本阶段需提交的成果：

（1）重要节点进度计划表的制定并经业主方确认。

（2）确认的设计范围内关键区域平面布置。

（3）表达设计主题概念的PPT（包含意向图各区场景1张以上）。

8.2.2　方案设计

第二阶段是方案设计阶段，需业主对第一阶段的成果确认及业主方和设计师对进度计划表确认后开始。根据确认的意向图片参考风格，进行效果图制作。

（1）客餐厅效果图（图8-2）。

图8-2　客餐厅效果图

（2）茶室效果图（图8-3）。

图8-3　茶室效果图

（3）书房效果图（图8-4）。

在效果图方案确认的基础上，协调各专业如给水排水、暖通、机电点位对室内空间布置的影响，调整效果图并与业主进行方案确认。

本阶段需提交的成果：

（1）提供比较完整的平面布置图。

（2）设计范围内所有空间的效果图及软装设计，以便于理解室内设计意图，更好地推

图 8-4　书房效果图

进深化设计。

8.3　深化设计

第三阶段是深化设计阶段，需在业主方对第二阶段成果及设计进度确认的基础上展开。该阶段设计师将制定更详细的室内平面方案系统图和立面图，绘制施工图纸文件供施工参考。

在施工图阶段，需要协调各专业确定其点位布置，例如，吊顶平面图需要确认灯具点位、吊顶高度及吊顶材料等（图 8-5）。

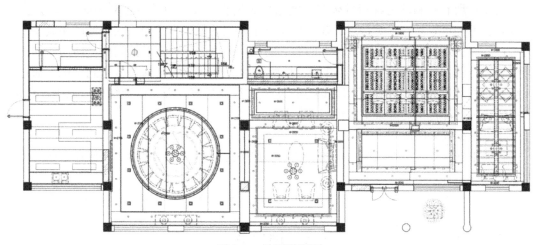

图 8-5　吊顶平面图

在平面系统图确认的情况下，根据平面布置绘制对应的立面图（图 8-6）。

本阶段样板房需提交的成果：

（1）详细的带有尺寸的整体方案深化施工图，平面系统图包含目录、设计说明、材

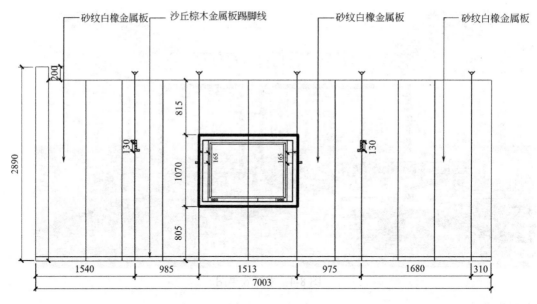

砂纹白橡金属板　　沙丘棕木金属板踢脚线　　砂纹白橡金属板　　砂纹白橡金属板

图 8-6　立面图

料表、原始平面图、平面布置图、立面索引图、隔墙定位图、地面材料图、综合吊顶图、吊顶造型尺寸图、吊顶灯具定位图、吊顶灯具控制图、强弱电点位图和给水排水点位图。

（2）所有内嵌电器及灯饰配件清单，提供规格说明。

8.4　材料选择

第四阶段是材料选择阶段，需在业主对于第三阶段成果确认的基础上展开。

该项目所有材料均为邦得低碳多功能涂层金属板，原材料具有色彩绚丽、纹理逼真、强度高、不褪色、易安装等特点，辅以公司自主研发的低碳多功能涂层，使产品具备了抗菌、自洁净、耐候性强、保温隔热、防腐、防锈、耐磨、耐冲击、抗划伤、防污、加工性能优异等特性，且防火等级达到 A2 级，抗菌率达到 99.48%，环保等级达到全优。通过对 BIM 建模技术的运用，实现了即装即住，实施过程无建筑垃圾，营造绿色、低碳、环保、零甲醛、可循环再生的健康室内环境。

（1）根据效果图罗列出需要的材料种类及图案，制作材料表单。

（2）根据材料表单在供应商提供的产品样册中选择相对应的材料，并放在一起搭配比对，确认搭配协调。

（3）与业主沟通确认，确定材料的款式，完善材料清单，作为施工的采购参考。

8.5　现场施工

材料选型确认完成后，设计阶段工作结束，进入施工阶段。

（1）根据设计图纸，拆除旧墙体，并进行施工场地卫生清扫（图 8-7）。

图 8-7　墙体拆除

（2）水电管道安装（图 8-8）。

图 8-8　水电管道安装

（3）轻钢龙骨框架安装（图8-9）。

图8-9　轻钢龙骨框架安装

（4）墙面安装（图8-10）。

图8-10　墙面安装

（5）吊顶安装（图 8-11）。

（6）地面安装（图 8-

图 8-12　地面安装

（7）灯具安装（图8-13），现场清理，施工完成。

图8-13　灯具安装

参考答案

第1章

一、填空题

1. 装配式装修可持续性包括两方面：一是建筑长寿化，二是绿色环保。
2. 法国建筑大师勒·柯布西耶在《走向新建筑》中首次提出"像造汽车一样造房子"。
3. 我国装配式装修的发展进程大致分为探索期、调整期、大力发展期三个阶段。
4. 装配式装修对于全面提升空间品质具有多方面的优势，满足人们对装修效率及品质的追求的同时，降低综合成本。
5. 装配式装修多应用于住宅装修、商业建筑装修、公共设施装修、工业建筑装修领域。

二、选择题

1. C
2. B
3. A
4. C
5. B

三、简答题

1. 简述装配式装修与传统装修的区别。

装配式装修与传统装修最大的区别是施工方式。传统装修是在施工现场进行的，各种装修构件需要在现场加工和安装；而装配式装修是将各种构件在工厂预先制作完成，然后直接运输到现场进行组装，大大提高了施工效率和质量一致性。

2. 简述装配式装修全球发展概况。

以下任选其二即可：

（1）亚洲市场

中国是全球最大的装配式建筑市场之一，政府大力支持和推动装配式建筑发展，以应对城市化进程中的住房需求和提升建筑质量，目前装配式装修正处于起步阶段，多种技术体系并行发展。

日本和新加坡等亚洲国家也在装配式内装修方面取得了显著进展，特别是在解决人口老龄化和地域限制等方面，装配式建筑的应用日益广泛。

（2）欧洲市场

欧洲各国对可持续建筑的需求日益增长，推动了装配式内装修的发展。德国、瑞典、英国等国家在装配式建筑方面处于领先地位，政府支持和法规促进了该领域的创新和应用。

欧洲装配式建筑市场还在不断探索材料循环利用、能源自给自足等方面的技术和方法，以进一步提升装配式内装修的可持续性和环保性。

（3）美洲市场

受住房和商业建设需求的驱动，北美地区的装配式建筑市场逐渐增长。美国和加拿大等国家在住宅和商业项目中开始采用装配式内装修，以提高建筑效率和质量。

一些北美地区的政府部门也通过激励计划和减税政策来支持装配式建筑的发展，鼓励企业采用先进的建造技术和材料。

（4）其他市场

其他地区如澳大利亚、新西兰等也在装配式内装修领域有所发展，尤其是在解决住房短缺和提高建筑质量方面，装配式建筑逐渐成为一种受欢迎的选择。

3. 简述装配式装修在我国的发展历程。

我国装配式装修起步较晚，但近年来因政策扶持和市场需求，装配式装修发展迅速。政府部门和企业也加大了对该领域的支持和投入。

（1）探索期

20世纪80年代至2007年，政策引导与部分企业尝试：20世纪80年代的探索为工业化住宅室内装修模块提供了发展和突破的基础。20世纪90年代末，我国出台多个文件，引导和鼓励新建商品房住宅一次装修到位或采用菜单式装修模式，推广全装修房。

由于国内环境不成熟，国外技术体系在国内受限制较大，复制日本等国家的技术体系在国内行不通。

（2）调整期

2008—2015年，试点示范与政府倡导并行。

2000年初，国内再次着力推广SI住宅（支撑体住宅），推行试点示范与政府提倡并行。2008年住房和城乡建设部下发《关于进一步加强住宅装饰装修管理的通知》，明确要求推广全装修住房，逐步达到取消毛坯房，直接向消费者提供全装修成品房的目标。

2010年：住房和城乡建设部住宅产业化促进中心主持编制了《CSI住宅建设技术导则（试行）》。针对我国建筑发展现状，吸收支撑体和开放建筑理论特点，借鉴日本、欧洲、美国的发展经验，体现中国发展特色。

（3）大力发展期

2016年至今，在政府鼓励下企业积极行动。

2016年9月，国务院发布《关于大力发展装配式建筑的指导意见》，装配式装修与装配式建筑同时受到关注。该指导意见明确提出：推进建筑全装修。实行装配式建筑装饰装修与主体结构、机电设备协同施工。积极推广标准化、集成化、模块化的装修模式，促进整体厨卫、轻质隔墙等材料、产品和设备管线集成化技术的应用，提高装配化装修水平。倡导菜单式全装修，满足消费者个性化需求。2017年颁布的《装配式混凝土建筑技术标准》GB/T 51231和《装配式钢结构建筑技术标准》GB/T 51232对"装配式装修"给出了明确的定义；2018年《装配式建筑评价标准》GB/T 51129开始实施。

4. 简述装配式装修在公共设施建筑上的应用。

公共设施如学校、医院等也逐渐采用装配式装修，以确保装修质量和施工进度。学校、医院一类的建筑重复空间较多，在应用装配式部品时，需要更加注重空间模块化、标准化的设计，以符合工厂批量生产的要求，节约建造成本。

5. 简述装配式装修发展趋势。

未来装配式装修将向更智能化、绿色化方向发展，加大对材料和技术的创新和应用，推动装配式装修行业的进步，未来新的发展方向可能包括以下几个方面：

（1）绿色化装配式装修

绿色化装配式装修是建筑装饰行业工业化、产业现代化发展必不可少的一环，绿色化装配式装修体系必然会在未来的建筑与装饰行业中广泛应用。

绿色化装配式装修体系的目标是使装配式建筑从设计、生产、运输、建造、使用到报废处理的整个生命周期中，对环境影响最小，资源效率最高，使得装修材料及安装施工朝着安全、环保、节能和可持续的方向发展。

（2）装配式装修体系模数化、标准化、集成化

我国现阶段装修相关体系及建材主要是以企业各自研发为主，各企业之间融合度低。未来将从各自独立的体系向开放体系转变，可致力于发展标准化的功能模块、设计统一模数，再加上个性化集成，既方便生产和施工，也可为业主提供更多的选择自由。

（3）施工技术人员的重新定义

随着人口红利消失，工人断层，建筑和装修行业的劳动力越来越紧缺。装配式装修相较于传统装修极大地节省了人力，改善了作业环境，传统的"农民工"转型为产业化工人。

同时，致力于发展智能化装配模式，发明推广机器人、自动装置等，使得施工现场不再需要大量的体力劳动，同时可以缩短工期，提高施工效率。

（4）政策推动向市场推动转变

国内装配式装修处于初期阶段，规模效益无法体现，需要政府制定目标任务、扶持政策、激励措施、推动引导行业发展。现阶段装配式装修在实际推行中，还是遇到不少困难。随着装配式装修的规模越来越大，市场将形成新的推动力，政府建立协调和完善的监管体系，市场需求将会有力地促进和推动装配式建筑的发展。

第 2 章

一、填空题

1. 集成墙面是指由<u>装饰面层</u>、<u>基材</u>、<u>功能模块</u>及构配件（龙骨、连接件、填充材料等）构成，采用干式工法、工厂生产、现场组合安装而成的集成化墙面产品。

2. 装配式隔墙多采用<u>轻钢龙骨</u>作为框架，内置隔声板和<u>集成管线模块</u>，外层复合饰面，干法安装且可循环利用，施工方便快捷，性价比高。

3. 集成墙面龙骨位置排布要求横向龙骨排布距离 ≤ 600mm，顶底部龙骨距边 ≤ 150mm。

4. 墙板安装完成后立面垂直误差要求 ≤ 2mm。

5. 为保证墙体隔声效果，需要在两侧墙体空腔中安装<u>隔声板</u>。

二、选择题

1. C

2. B

3. A

4. D

5. C

三、简答题

1. 简述装配式墙面系统的主要特点。

（1）干式工法装配

干式工法避免以石膏腻子找平、砂浆找平、砂浆粘结等湿作业的找平与连接方式，通过锚栓、支托、结构胶粘等方式实现可靠支撑构造和连接构造，是一种加速装修工业化进程的装修工艺。

（2）管线与结构分离

管线与结构分离是以建筑支撑体与填充体分离的 SI 理念为基础，将设备管线（如给水排水、强电、弱电、暖通、燃气、消防系统等）与结构系统分离开的设置方式。在装配化装修中，设备管线系统是建筑内部空间的构成部分，主要将其安装布置在建筑隔墙和墙体界面与装饰工程支撑结构之间的空腔里。

（3）部品集成定制

工业化生产的方式有效解决了施工生产的尺寸误差和模数接口问题，并且实现了装修部品之间的系统集成和规模化、大批量定制。部品系统集成是将多个分散的部件、材料通过特定的制造供应集成一个有机体，性能提升的同时实现了干式工法，易于交付和装配。

2. 简述装配式墙面系统优势。

（1）性价比高

模块化的装配式墙板采用工厂预制、干法工艺施工，安装翻新简单且方便重复使用，产品综合性价比高于传统墙面装修。

（2）生产施工高效

装配式墙板的安装施工采用工厂预制墙板，使用龙骨调平后用螺钉安装固定，墙面无须水泥砂浆找平，全过程干法施工，极大地减少了施工时间，且无污染，施工完成后即可以入住。

（3）环保节能

装配式墙面内部基层种类丰富，安装中使用螺钉而不使用胶水，绿色环保。且基层材料为防火板材，防火阻燃且燃烧不会释放有毒气体，用于公共建筑内部符合防火规范要求，也符合现代绿色建筑的装修要求。

3. 简单介绍两种不同种类的集成墙板材料。

任意两种即可：

（1）无机预涂板

无机预涂板是以硅酸钙板作为基材，再通过先进控制设备将饰面通过 UV 涂层、表面包覆等工艺制成。

（2）涂层金属板

涂层金属板，是以金属板为基层，辅以低碳多功能涂层，使产品具备了抗菌、自洁净、耐候性强、保温隔热、防腐、防锈、耐磨、抗冲击、抗划伤、防污、便于加工等特性，且防火等级达到 A2 级，抗菌等级高。

（3）石材墙板

石材墙板主要以岩板为主，采用干挂工艺，安装速度快，拆卸更换方便，多用于公区装饰。

（4）FHM 抗菌墙板

FHM 抗菌墙板是一种特殊设计的墙面装饰材料，其表面添加了 FHM 抗菌剂，可以有效抑制细菌、真菌等微生物的生长。这种墙板款式多样，不仅有助于保障室内环境的卫生，降低疾病传播的风险，而且特别适用于医院、实验室等对卫生要求较高的场所。

4．简述装配式隔墙施工步骤。

装配式隔墙施工主要步骤：

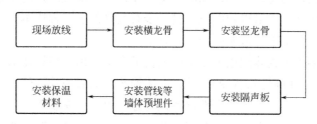

5．简述集成墙面安装步骤。

集成墙面施工主要步骤：

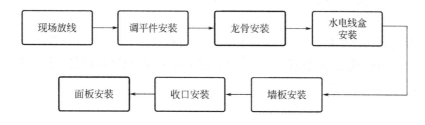

第 3 章

一、填空题

1．装配式吊顶由基础模块、功能模块和辅助模块等部分组成。

2．铝扣板以铝合金板材为基底，通过开料、剪角、模压制造而成，质地轻便耐用。

3．蜂窝铝吊顶主要由铝基材层和铝制蜂窝芯复合而成，该板材无须批嵌、粉刷、打磨，一次成型，无粉尘污染。

4．装配式吊顶除了基础面板和吊件、卡挂件以外，常用的辅助模块有 GRG 线条模块和一体化预制风口。

5．龙骨及灯具设备点位预留安装完成之后，需要先进行隐蔽工程的验收。

二、选择题

1. A

2. C

3. B

4. D

5. C

三、简答题

1. 简述装配式吊顶优势。

为培育新产业新动能及推进新型城镇化的智能发展，在住宅家装模式的基础上，推广应用装配式的集成吊顶，以优化和变革传统的装饰装修建造方式。住宅的集成吊顶装配化在建造的过程中，现场噪声、粉尘、木屑、油漆、污水等的污染大大减少。

工厂预制模块建造体系利用了现代质量管理方法，预制化部品摒弃了传统建筑模式，对于每一个模块从设计到完成实体部品的每道工序都有标准且严谨的质量考核，使得每一件预制的吊顶模块部品的质量得到保证，进一步有效降低了工程成本，优化施工效率，保证建筑质量，使用环保安全，增加社会经济效益。

另外，每个家装的集成装配化吊顶工程项目都在工程预制模块建造前设置了个性化设计的重要环节，用户可以得到满意的设计，在装饰艺术上展现独特的个性品位。通过设计软件绘制深化施工图，确定预制的个性化特色的施工内容，在制作过程中，更有目的性地选用各种工厂所需预制设施设备，并在有限的厂区内分区规划预制场所，有针对性地培训所需的人员工种，有效地落实岗位，保证了预制工作的文明施工、质量安全、配送运输及配套服务，进一步为后期装配提供充分的准备。

2. 简述客餐厅吊顶设计原理。

吊顶是装配式装修中的主要组成部分之一，吊顶的设计对于装修的整体质量和效果起到重要的作用。装配式吊顶的设计需要结合具体工程情况及具体材料选择，满足装配式部品现阶段绿色、节能、环保的发展理念。

3. 简述装配式吊顶安装步骤。

装配式吊顶施工主要步骤：

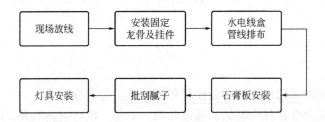

4. 简述隐蔽工程验收内容。

（1）验收工具：卷尺。

（2）验收内容：

1）吊杆和龙骨的材质、规格、安装间距及连接方式应符合设计要求。

2）吊顶上的灯具、烟感器、喷淋头、风口等设备设施位置是否合理、美观。

5. 简述安装质量验收注意事项。

（1）将靠尺平放在被测表面上（确保靠尺的一边与表面接触，使其能够覆盖整个被测区域），将塞尺插入靠尺和表面之间的缝隙中（塞尺与表面以及靠尺之间的接触是轻微的，不要用力过度），检查并记录各个区域的平整度数据，表面平整度应小于等于 3mm。

（2）选择两个固定点，用一条拉线连接起来，通过测量拉线与钢管之间的距离来判断钢管是否为直线。

（3）将钢直角尺的一个边缘平放在一个边上，将塞尺插入缝隙中，高低差应小于等于 2mm。

第 4 章

一、填空题

1. 装配式架空地面是由连接杆件、受力地板、防潮层以及装饰面层组成，采用干式工法，工厂生产、现场组合安装而成的集成化地板产品。

2. 架空地板能够实现管线与结构主体分离，符合国家装配式建筑评价要求，确保装配式架空地板和管线分离的得分，大幅提高楼盘装配率。

3. 无地暖架空地板主要包括连接件、基层、防潮层以及装饰面层。

4. 地暖架空地板可分为水地暖和电地暖。

5. 在施工过程中，通常使用红外水平仪和墨斗进行放线。

二、选择题

1. C

2. B

3. A

4. A

5. D

三、简答题

1. 简述装配式架空地面的三大优势。

（1）施工便捷

装配式架空地面施工快捷简单，需要将调平件按照放线点位图进行布置固定，并逐一进行调平校正，再依次铺设地板、基层防潮层以及地面装饰层；整体施工环境较湿法施工周期短、施工环境好且施工简单。

（2）实现管线分离

架空地板能够实现管线与结构主体分离。这一形式符合国家装配式建筑评价要求，确保装配式架空地板和管线分离，可大幅提高楼盘装配率，后期方便管线的维修，提高建筑整体使用效果。

（3）更安全灵活

湿式地面系统的完成面高度大多为 7.5～8cm，而干式地面系统是可调整的，能够根据施工现场的情况进行调整，其调整的范围为 5～20cm，调节范围变大，干式架空地面的市场范围也就随之变大，可适用于工民建各种建筑。

2．列举 1～2 种架空地板基层材料。

硫酸钙板、硅酸钙板、GRC 轻质混凝土板以及 UHPC 超高性能混凝土板

3．列举市面上使用较多的电地暖的种类。

电地热膜、碳晶电热膜、石墨烯地暖

4．简述地面材料选择原则。

应根据空间属性、室内装修风格来选择合适的饰面材料。例如，办公区域多选用静音效果较好且易于更换的块毯；商场等公共区域通常使用便于清洁且明亮的瓷砖或者石材；家装室内厨卫多使用砖类材质，卧室书房等休息空间多使用木地板等。

5．简述装配式架空地面施工安装过程。

装配式地面施工主要步骤：

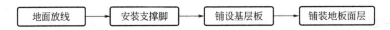

地面放线　→　安装支撑脚　→　铺设基层板　→　铺装地板面层

第 5 章

一、填空题

1．集成门窗可以大致分为<u>套装门</u>、<u>集成窗套</u>和<u>哑口</u>三大类。

2．集成门窗在工厂生产完成后，会进行<u>预装</u>和<u>预调试</u>，有利于缩短整体的工程周期。

3．集成窗套分为<u>窗套</u>和<u>窗台板</u>两部分。

4．安装完成后，在外观验收中，须检查<u>选择型号</u>和<u>设计开启方向</u>是否一致。

5．套装门主要分为<u>平开门</u>和<u>推拉门</u>。

二、选择题

1．A

2．B

3．A

4．C

5．B

三、简答题

1．简述集成门窗产品优势。

（1）快速安装

由于在工厂内进行了预装和预调试，套装门窗在施工现场安装快速，有助于缩短整体的工程周期。

（2）质量控制

在工厂内进行的质量控制和测试，确保了套装门窗的质量和性能达到相应的标准。

2．简述门窗套设计要点。

在计算门窗套的尺寸时，应当结合洞口尺寸，门窗套宽度应比墙体及墙板完成面宽 1～2mm，窗套两侧应大于洞口各 20mm，覆盖住集成墙板边缘。

3．简述门窗套的施工步骤。

套装门施工主要步骤：

安装门套 → 安装门扇及五金锁具 → 安装套线

4．简述集成门窗设计要求。

风格匹配、功能合理、透明度和隐私性。

5．简述集成门窗验收的注意事项。

分为外观验收和细节验收。

（1）外观验收。检查是否与选择型号及设计开启方向一致，外观应洁净，不得有划痕和锤印等；检查木门窗与墙体缝隙是否填嵌饱满。

（2）细节验收。门窗安装的留缝限值、允许偏差和检验方法：

项次	项目	留缝限值（mm）	允许偏差（mm）	检验方法
1	门窗框正、侧面垂直度	—	2	用 1m 垂直检测尺检查
2	框与扇接缝高低差	—	1	用塞尺检查
3	扇与扇接缝高低差			
4	门窗对口缝	1～4	—	
5	门窗扇与上框间留缝	1～3	—	
6	门窗扇与合页侧框留缝	1～3	—	
7	门扇与下框间留缝	3～5	—	
8	窗扇与下框间留缝	1～3	—	

第6章

一、填空题

1．集成厨房的核心是一个集成的过程，以部品的标准化设计为基础，考虑部品与部品、部品与建筑之间的模数协调，其最终的目的是实现住宅工业化。

2．厨房以烹饪流程为核心将厨房区域细分为 5 个具体的功能区域，分别为：存储区、清洗区、准备区、烹饪 / 烘烤区及辅助功能区。

3．在二级模块的设计摆放过程中，常见的顺序为储物—洗涤—操作—烹饪。

4．集成厨房的给水、燃气、排烟等管道接口和涉水部位连接处的密封应符合设计要求，不得有渗漏现象。

5．厨房质量验收中的第一步为外观检测，也是验收的关键步骤。

二、选择题

1．B

2．D

3．B

4．A

5．C

三、简答题

1．简述集成厨房设计的主要功能区。

存储区（食品备用区、厨具存放区）、清洗区、准备区和烹饪／烘烤区及辅助功能区。

2．简述集成厨房设计的主要模块。

一级模块是指室内分区；二级模块是一级模块的组成部分，根据厨房的功能分为储存模块、洗涤模块、操作模块、烹饪模块以及设备模块；三级模块是二级模块的组成部分，将每一部分功能模块都细分到具体的功能。地柜、吊柜、高柜、冰箱、抽屉、拉篮等组成储存模块，洗涤池、水龙头、地柜、台面组成洗涤模块，地柜、台面、消毒柜、吊柜组成操作模块，吸油烟机、灶具、地柜组成烹饪模块。

3．简述集成厨房的设计原则。

（1）优化布局及立体化空间利用；

（2）提高操作使用连贯性；

（3）一体化的造型设计。

4．简述集成厨房安装质量验收的主要步骤。

集成厨房施工主要步骤：

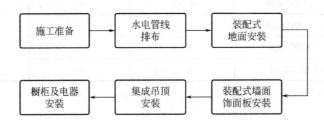

5．简述集成厨房安全验收的主要内容。

（1）集成厨房安装应该牢固严密，不得松动；与轻质隔墙连接时应采取加强措施，满足厨房设施设备固定的荷载要求。

检验方法：观察，手试，检查隐蔽工程验收记录和施工记录。

（2）集成厨房的给水、燃气、排烟等管道接口和涉水部位连接处的密封应符合设计要求，不得有渗漏现象。

检验方法：观察，手试。

第7章

一、填空题

1．集成卫生间主体部件主要包含：壁板、顶板、防水底盘和门。

2．集成卫生间中使用防水底盘替代传统施工作业中的防水施工步骤。

3．一体成型的防水底盘可分为侧面排水底盘和下侧排水底盘两种。

4．集成卫生间根据其功能与布局方式可分为：<u>单功能型</u>、<u>集中型</u>、<u>组合型</u>。

5．专门为老年人、残疾人和行动不便的人设计和建造的卫生间叫作<u>无障碍卫生间</u>。

二、选择题

1．C

2．A

3．A

4．B

5．D

三、简答题

1．简述集成卫生间的优势。

（1）节能环保

减少污染，节约资源和能源，且大大地提高了材料利用率。传统卫生间装修采用现场湿作业，产生大量建筑垃圾；而采用装配式定制标准化，现场组装几乎没有建筑垃圾和污染，节能环保。

（2）生产效率高

传统卫生间装修受施工程序因素影响较大，各专业难以进行交叉施工；而集成卫生间现场拼装或整体吊装，作业进度快，一般一天内就可以完成施工。

（3）质量有保障

传统卫生间装修很大程度上受限于现场施工人员的技术水平和管理人员的管理能力，具有不可控性；而集成卫生间的结构配件在工厂标准化生产，产量和质量都有保障。

（4）人工成本低

集成卫生间部件均为工厂生产，在现场进行组合拼装，工序相较于传统施工更加简单，对操作工人的技术水平要求低，施工更加方便，人工成本远低于传统装修的人工成本。

2．简述侧面排水防水底盘的优势。

下侧排水底盘适用于需同层排水建筑或抬高的施工现场，侧面排水底盘适用于所有施工场景。

3．简述集成卫生间不同的功能与布局方式。

单功能型、集中型、组合型。

4．简述集成卫生间无障碍设计内容。

无障碍卫生间是指专门为老年人、残疾人和行动不便的人设计和建造的卫生间，为他们提供更容易进入和使用的环境，提供更好的安全性和舒适性。无障碍卫生间设计通常遵循以下原则：

（1）宽敞的空间

确保卫生间内部有足够的空间，以容纳轮椅或行动不便的人士。面积不应小于 $4m^2$，内部留有直径不小于 1.5m 的轮椅回转空间，门通行净宽应不小于 0.8m。

（2）安全的环境

确保照明良好，入口无门槛或有一个极低的门槛，方便轮椅进入，降低了跌倒的风险，提高可访问性。考虑到安全性，多使用防滑地板、地砖，并设置紧急呼叫装置。

（3）易于操作的设施

无障碍卫生间需考虑所有设施使用的便利性。坐便器高度应该适中，减轻用户站起和坐下的困难。在坐便器和淋浴间等关键位置安装坚固的扶手和抓握装置，以帮助用户站起、坐下和移动。这些装置提供额外的支持和安全性。水龙头和控制装置的设计应该简单易用，即使手部功能有限的人也可以方便操作，多使用单把手水龙头。

5. 简述集成卫生间在安全验收中的注意事项。

（1）集成卫生间的连接构造应符合设计要求，安装应牢固严密，不得松动。设备设施与轻质隔墙连接时应采取加强措施，满足荷载要求。

检验方法：观察；手试；检查隐蔽工程验收记录和施工记录。

（2）集成卫生间安装完成后应做满水和通水试验，满水后各连接件不渗不漏，通水试验给水排水通畅；各涉水部位连接处的密封应符合设计要求，不得有渗漏现象；地面坡向、坡度应正确，无积水。

检验方法：观察；尺量检查；检查隐蔽工程验收记录和施工记录。

（3）集成卫生间板材拼缝处应有密封防水处理。

检验方法：观察。

（4）集成卫生间的卫生器具排水配件应设存水弯，不得重叠存水。

检验方法：手试；观察检查。